改变，从心开始

立 品 图 书 · 自觉 · 觉他
www.tobebooks.net
出 品

THE INTEGRAL VISION

全观的视野

肯·威尔伯整合方法指导

[美] 肯·威尔伯◎著　王行坤◎译　宗羚◎审校

北京日报报业集团
同心出版社

图书在版编目（CIP）数据

全观的视野 /（美）威尔伯著；王行坤译. — 北京：
同心出版社，2013.4
ISBN 978-7-5477-0754-8

Ⅰ. ①全… Ⅱ. ①威… ②王… Ⅲ. ①成功心理－通
俗读物 Ⅳ. ①B848.4-49

中国版本图书馆CIP数据核字（2013）第000296号

全观的视野——肯·威尔伯整合方法指导

出版发行：同心出版社
地　　址：北京市东城区东单三条8-16号东方广场东配楼四层
邮　　编：100005
电　　话：发行部：（010）65259206-8022
总编室：（010）65252135-8043
网　　址：www.bjd.com.cn/10txcbs/
印　　刷：三河市华晨印务有限公司
经　　销：各地新华书店
版　　次：2013年5月第1版
2013年5月第1次印刷
开　　本：787毫米×1092毫米　1/16
印　　张：13.75
字　　数：123千字
定　　价：32.00元

特别感谢整合学院全体人员，正是你们的创意、智慧、激情以及不懈的努力，才让《全观的视野》得以呈献给那些想要加入AQAL探索的人们。

目 录

chapter 1

第一章

导言

我们该
如何
把握
21
世纪？

我们如何理解自己的生命与觉知？

如果我们拥有一张完整的图谱来认知自己和世界，那会怎么样？

最近30年，地球村内各种文化之间的交流日益丰富，世界上所有的文化史无前例地向全人类敞开怀抱，我们不仅可以环游世界，还可以研究每一种已知的文化。而此前，如果你出生在中国，那么可能终生都生活在同一文化中，通常是在一省之内，有时甚至囿于一家之中，在一小片土地上演绎生死爱恨的故事。

全球知识共享意味着我们首次完整地拥有了人类所有的知识，不论是古代的、现代的或是后现代的，不论是认识、经验、智慧，还是对人类主要文明的反思，任何人都可以对其进行研究。

如果我们把所有文化中关于人类潜能、灵性成长、心理发展、社会进步的各种知识放在一起研究，那会怎么样？若以此为前提，尝试从中找出影响人类发展的关键因素，会有结果吗？如果我们以当今大量的跨文化研究为基础，利用全世界的伟大智慧传统去绘制一张无所不包的、全景式的整合图谱，所有文化的精华都被收入其中，这张图谱会是什么样子？

听起来繁复混乱，让人望而却步？从某种意义上说，的确如此。但从另一方面来看，结果却出乎意料的简单明了。在过去的几十年中，对人类潜能的探索工作已全面展开。从远古的萨满巫师和圣人到当今认知科学领域的突破，这张图谱运用了人类成长过程中所有已知的系统与模型，并将主要内容提炼为五大根本要素，这些要素可以开启并促进人类的自我改善。

欢迎来到整合之道。

整合图谱

我们将五大根本要素命名为**象限**（quadrants）、**层次**（levels）、**路线**（lines）、**状态**（states）和**类型**（types）。你将会发现，这些要素此刻就在我们自己的意识之中，无须外求。它们并不只是理论概念，而是你自身经历的各个方面，是你自身意识的轮廓。在我们的论述过程中，你会亲身体会到这一点。

为什么要使用整合图谱呢？首先，无论是在你的工作领域，比如商业、医疗、心理治疗、法律、生态学，还是在你的日常生活和学习中，整合图谱都可以帮你确认自己“触及所有的垒[①]”。

---

① 垒球运动中的规则，引申为涉及一切有关细节。——校者注

如果你想飞越洛基山脉，你的地图越精确，你坠毁的风险就越小。整合之道能确保你在任何情况下都使用了全套资源，这样，成功便指日可待。

其次，如果你可以在自身意识中指认出本身已具足的五大要素，你就可以轻松地了解它们、熟悉它们、使用它们……由此可以快速提升自己，向更高、更广、更深刻的存在方式发展，更不要说在事业上出人头地了。只要对整合模式的五大要素有大概的了解，你就能在激动人心的发现与觉醒之旅中更轻松、更全面地自我定位。

简而言之，整合之道帮助你用更全面和有效的方法去观察自身及周遭的世界。但有一点必须先说清楚，整合图谱只是一张地图，不是领土本身。我们当然不想误认地图为领土，但我们也不想在飞跃洛基山脉的时候使用一张含混或错误的地图。尽管它是一张地图，却是迄今最完整、最精确的地图。

IOS 是什么？

IOS（Integral Operating System）是**整合操作系统**的简称。在信息网络中，操作系统是各种软件得以运行的基础。我们用**整合操作系统**或者 IOS 来指代整合图谱，道理很简单，当你在生活中运行任何“软件”，如你的事业、工作、娱乐或者人际关系，你希望拥有最好的操作系统，而 IOS 就可以满足你的要求。IOS 让最有效的程序流畅地运作，这以另一种方式体现了整合模式的开放性和兼容性。

我们还将探讨整合图谱或操作系统最为关键的用途。在 IOS 的指引下，任何人类活动领域，如艺术、舞蹈、商业、心理学、政治、生态学、灵修等都能互相沟通、理解。商业拥有了与生态学、艺术、法律、诗歌、教育、医学、灵性等领域充分交流的词汇，这在人类历史上是从未发生过的。

通过应用整合之道——整合图谱或者整合操作系统——我们

可以迅速增长跨学科和超学科的知识，从而第一次创造出世界上真正的整合学习共同体：整合大学。在宗教与灵性领域，经由运用整合之道，我们创立了整合灵性中心，在那里，世界各大信仰系统的灵性导师济济一堂，不仅聆听彼此，还互相传授，从而创造出超乎想象的学习体验。我们后面还会谈到这一重要聚会，以及如何能够成为整合灵性中心的成员。

但是，所有这些都发端于你意识中的五大简明要素。

chapter 2

第二章

五大要素

此刻，

在我的觉知中

有哪些

基本特征？

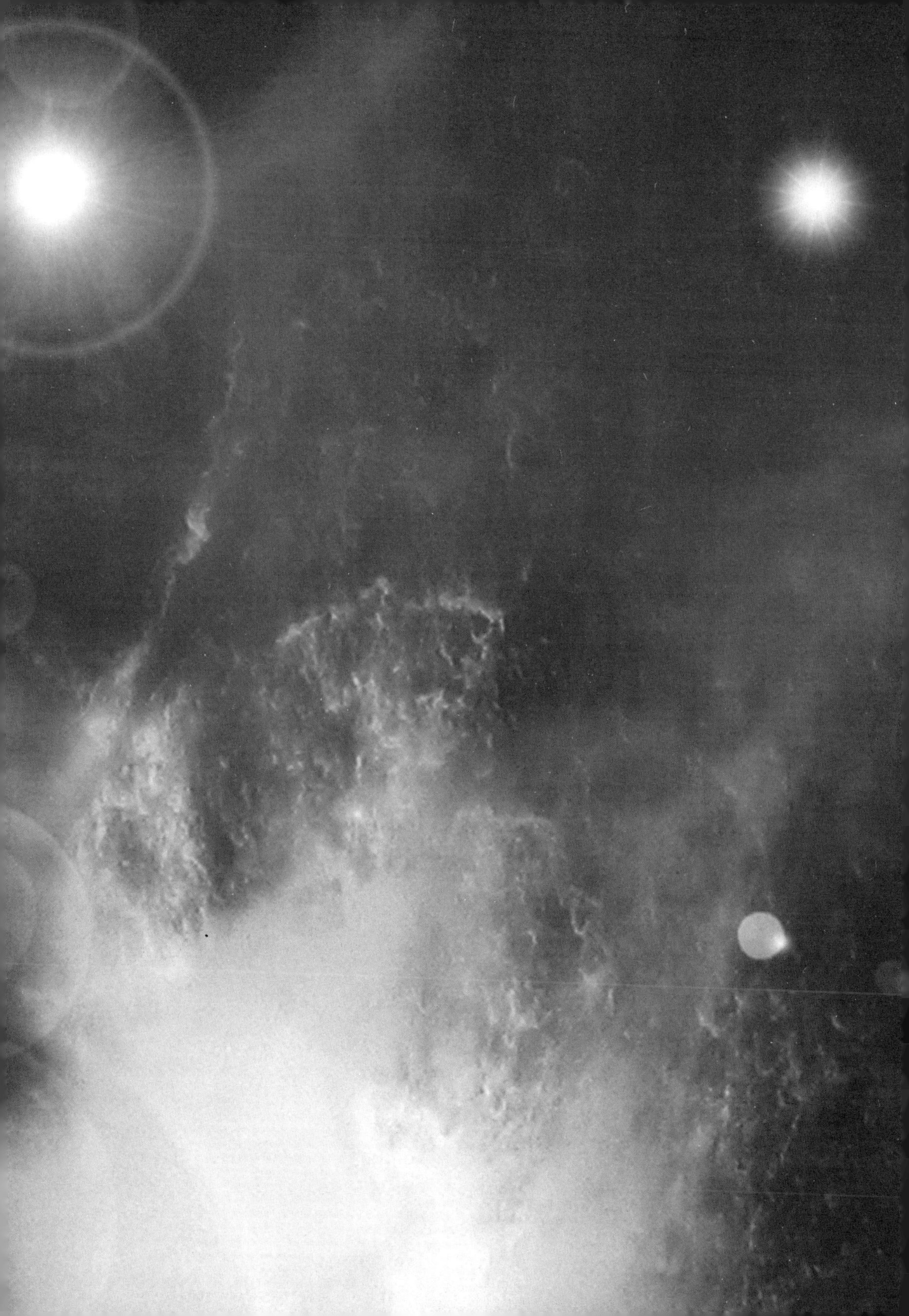

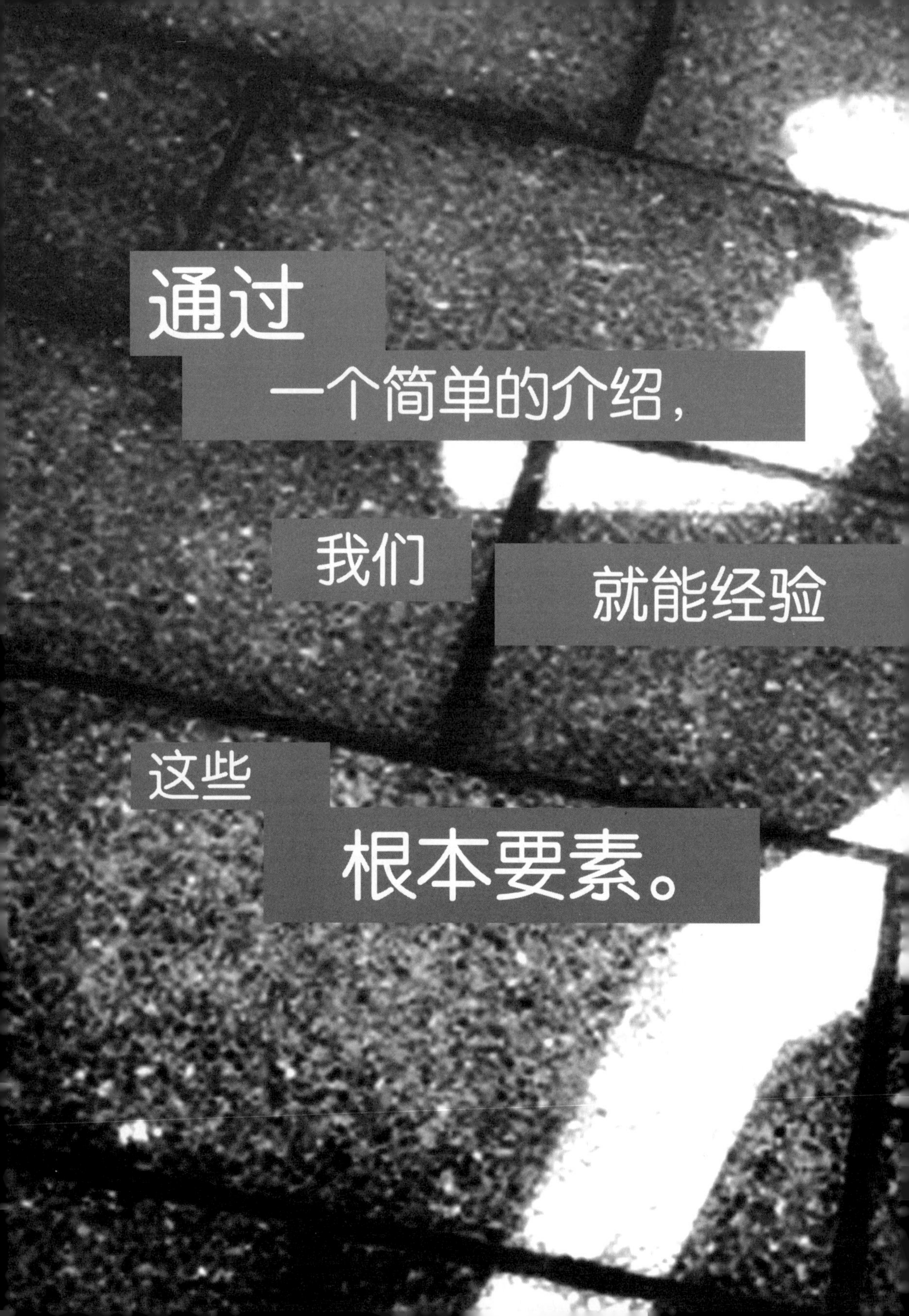
通过
一个简单的介绍，
我们
就能经验
这些
根本要素。

330
0
30
60
90
NW
NE
W
E
SW
SE
S
LONDON

在导言里我们说过，整合图谱的五大要素是你本自具足的，此刻就在你的觉知中。因此我们接下来要做的，就是在自己的意识经验里游览一番。你要一起来试试，找出每一个当下在你觉知中生起的有哪些要素吗?

在整合图谱里，某些特征指你自身内部的主观现实，而另外一些特征则指外在世界的客观现实，还有一些是你与他人共有的集体现实。让我们从意识状态，也就是主观现实开始探索吧。

意识状态

每个人都十分熟悉主要的意识状态，如清醒、做梦、深睡（无梦状态）。此刻，你正处于意识的清醒状态（或者，如果你很疲劳的话，也许处于白日梦的意识状态）。意识状态多种多样，其中包括冥想状态（由瑜伽、冥想、默观祈祷等行为所引发）、迷幻状态（例如毒品所诱发的）以及各种各样的高峰体验，其中很多可以通过强烈的经验激发出来，如性爱、在自然中散步或倾听高雅的音乐。

巅峰体验：被闪电击中！

伟大的智慧传统（如基督教神秘主义、吠檀多哲学、佛教金刚乘以及犹太密教卡巴拉）一致认为，清醒、做梦以及深睡这三种日常意识状态事实上蕴藏了灵性智慧和灵性觉醒的全部宝藏……如果我们知道如何正确利用的话。我们通常认为梦境不真实，但如果你可以带着清醒的觉知进入梦境呢？如果你能在深睡的时候也保持清醒呢？也许你会在这些清醒状态中学到不同寻常的东西。我们将以一种特殊的方式去探索这三种也许蕴涵着灵性觉醒全部层面的意识状态。你听过开悟这个词儿吧？这是一个禅宗术语，指灵性觉醒的深刻体验，据说它包含了终极秘密——宇宙自身的秘密。

但是在一个更简单、更世俗的层面上，每个人都会经历意识的各种状态，而这些状态通常会为你和他人提供深刻的动机、意义和内驱力。想想那些恍然大悟的时刻，如果在我们面对棘手问题的时候，随时都可以恍然大悟呢？在任何特定的情形下，也许意识状态不是关键因素，也可能它们就是决定因素。总之，整合之道不能忽视它们。任何时候应用IOS或者整合图谱，你都会自动提醒自己去检视是否触及了所有重要的主观现实，这就是整合图谱的用途之一——帮助你寻找之前未曾发现的领域，继而赋予你深入探索的工具。

发展的阶段或层次

关于意识状态，有一点很有意思：它们总是往来不息。即使是强烈的高峰体验或者意识转换状态，也是倏忽而来，停留一会儿，又倏忽而去。不论这些感觉多么美妙，它们总是转瞬即逝。

虽然意识状态转瞬即逝，但**意识阶段**却永久驻留，这些阶段反映了发展与成长的真实历程。一旦你处于某一阶段，那便是持久地拥有了该阶段的能力。例如，一旦孩子在语言发展阶段有了成长，这个孩子就永久掌握了语言。语言不是一种高峰体验，不

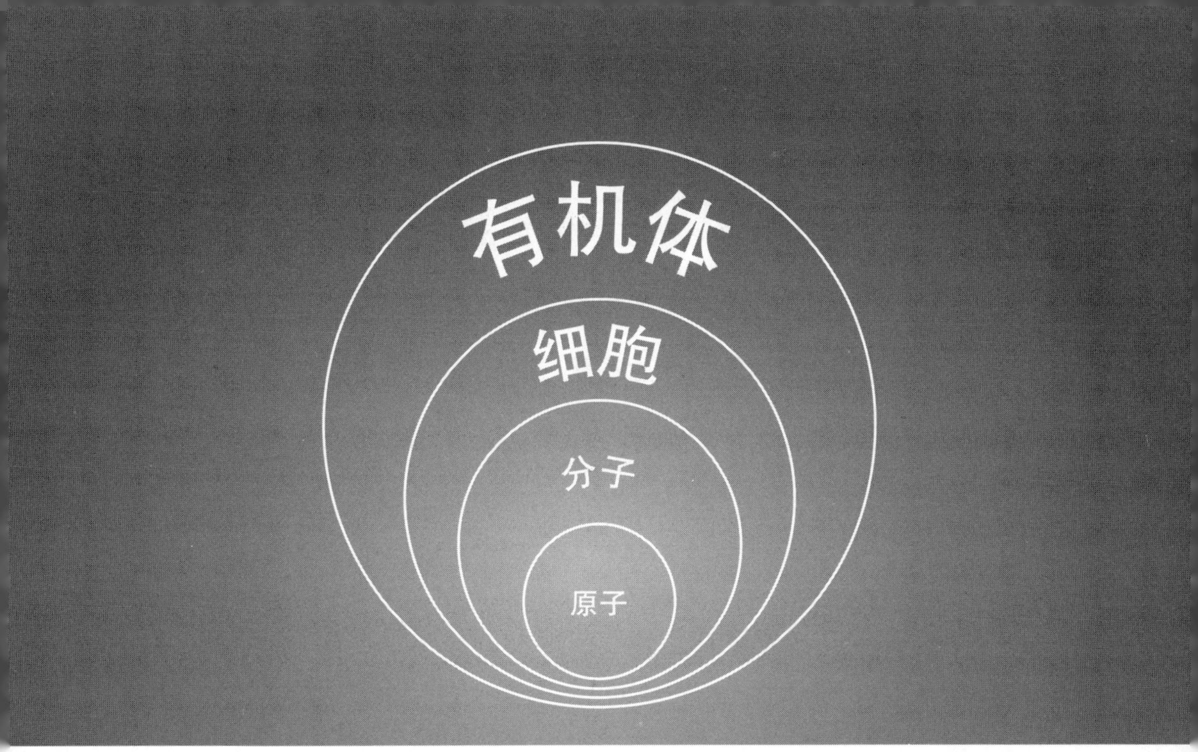

表格 1　层次：所有发展都是含摄

会此刻拥有下一刻消逝。其他类型的成长也大抵如此。一旦你稳固地抵达了成长的某一阶段，不论何时，你都拥有这一阶段的任何能力，如更敏锐的意识、更包容的爱心、更崇高的道德、更高明的智慧和觉知。短暂的状态变成了永久的特征。

一共有多少发展阶段呢？这取决于你如何划分和归类，有着很大的随意性。例如，冰与沸水之间到底相差多少度？如果你是用摄氏温度来计算，两者就相差 100 度；如果你使用华氏温度来计算，冰点是华氏 32 度，沸点是华氏 212 度，那么两者之间就相差 180 度。哪一个正确呢？都正确。问题就在于你以什么标准进行测量。

意识的各个阶段也是如此。有各种各样的方式可以对发展进行衡量，因此有着不同的**阶段概念**，所有这些概念都各有用途。例如，在瑜伽哲学的脉轮系统中，存在七个主要阶段或意识层次。著名的人类学家让·杰伯赛（Jean Gebser）提出了五阶段说：远古的、魔幻的、神话的、理性的以及整合的。某些西方心理学模式则会给出 8 个、12 个或者更多的发展层次。哪一个对呢？都对，关键就在于你是以哪种方式对发展与成长进行衡量。

“发展**阶段**”有时也可以视为“发展**层次**”，因为每一阶段所代表的就是一个组织层次或者复杂程度的级别。例如，从原子到分子到细胞再到有机物，进化过程中的每一阶段都涉及更为复杂的层次。“层次”这个词没有主观评断和排他的意思，只是用来表明有些重要特征会以不连续的、量子跃迁的方式突然出现，这些发展中的层次上的飞跃是许多自然现象的重要组成部分。

更为关键的是，有时为了强调阶段发展所具有的流动性与连续性，我们经常用**波**（wave）这个概念来进行说明。发展的阶段或者波段是 IOS 的根本要素。总体来说，在整合模式中，我们把意识发展分为 8 到 10 个层次、阶段或者波段进行研究。经过多年的调查工作，我们发现，超出这个数量会太过烦琐，而少于这个

表格 2: 心理发展也是含摄

数量则过于模糊。我们经常使用的阶段概念包含了简·洛文杰与苏珊娜·库克·格鲁特最先提出的自我发展理论[①]、唐·贝克与克里斯托弗·考恩所提出的螺旋动力学[②]，以及罗伯特·基根所研究的意识秩序[③]。但是还有很多其他关于阶段的概念对整合之道也非常有用，只要你觉得合适就可以使用。

随着我们对细节的深入探讨，你会看到“阶段”具有不可思议的重要性。我们举一个简单的例子来说明。

---

① 简·洛文杰（Jane Loevinger）是一位发展心理学家，她强调人格是发展的，社会角色和道德规范等外界因素会不断内化、主观化，与人格融合，进而成为影响个人决定的重要因素。洛文杰的研究使人们在对自我的了解上超越了心理学中琐碎的分析与分裂的概念，而开始将个人及其生存环境看成一个整体。苏姗娜·库克·格鲁特（Susanne CookGreuter）进一步完善了洛文杰的研究，将其用于生活、工作中。——编者注

② 螺旋动力学亦被称为“人类存在阶段理论”，由克莱尔·格雷夫斯（Clane Graves）提出，后由其两位学生唐·贝克（Don Beck）和克里斯托弗·考恩（Christopher Cowan）以《螺旋动力学》为名出书发表。理论概要：成熟人类的心理状态是一种延伸的、发展的、摇摆的、螺旋式的进步过程。在这个过程中，不仅人类所面临的存在问题不断发生变化，人类的社会行为体系亦在发生着由旧到新、由低到高的交替与变迁。人类心理状态变化不仅臣服于这一外部系统变化，并且以其为特征。——编者注

③ 罗伯特·基根（Robert Kegan）将个体心理的发展分为六个阶段：万物一体阶段、冲动阶段、自主阶段、人际互动阶段、制度规范阶段以及自我探索阶段。人类普遍拥有的共同联结的欲望和区分每个独立个体的呼声之间有着持续的张力，每个阶段都是个体在这张力中做出的选择。——编者注

自我中心、种族中心和世界中心

我们会使用一个只包含三个阶段的简单模型来说明要了解的各层次或阶段所涉及的内容。例如，当我们审视道德的发展时，我们会发现刚出生的婴儿尚未被伦理和习俗所社会化，这可以称为**前习俗阶段**，也可称为**自我中心阶段**，在此阶段中，婴儿的意识绝大部分是关注自身的。随着孩子对所处文化的规则与规范的了解与学习，他便进入了道德的**习俗阶段**，这一阶段也可称为**种族中心**，因为孩子的注意力集中在特定群体、部落、族群或国家，故而倾向于对族群之外的人产生排斥。在道德发展的第三阶段即**后习俗阶段**中，个人身份认同继续扩展，对所有人都展现出关心爱护，无论他们属于怎样的种族、肤色、性别或信仰，因此我们也可将其称为**世界中心阶段**。

道德发展从“我”（自我中心）扩展为“我们”（种族中心），最后到“所有人”（世界中心），这是一个说明意识如何拓展的好例子。

这三个阶段也可以划分为**身体**、**心智**和**灵性**。三者各自有着许多含义，当意指个人发展的不同阶段时，其意义如下：

阶段1：由我的物质身体所支配，因此名为“身体”阶段（在此使用的是物质身体的典型意思）。在这一阶段，我只与身体器官和它们的生存欲望认同，因此也可以称为“我”或自我中心阶段。

阶段2：此阶段为“心智”阶段，个人认同感从孤立的物质身体开始扩展，基于共同的价值观、兴趣、理想或者梦想而与他人产生联系。因为我可以应用心智来体会他人的感受，设身处地地思考问题，我的身份认同便从“我”扩展为“我们”（从自我中心到种族中心）。

阶段3：我的意识继续扩展至“灵性”阶段，我从认同“我们”扩展为认同“所有人”（从种族中心扩展为世界中心）。这时我开始认识到，人种与文化之间虽然存在着不可思议的多样性，但同时也存在相似与共同之处。去发现全人类的共同利益就是从种族中心扩展为世界中心的行为契机，于是也是“灵性的”，因为这关乎所有生命的利益。

这种方式将身、心、灵视为关怀与意识的不同发展阶段，或波段、层次，从自我中心发展为种族中心，再到世界中心。

后文还会多次谈及进化与发展的阶段，每一次都从一个全新视角来进行探索。现在，我们只需要理解所谓“阶段”，就是你在生命演化之路上逐一建立的永恒的里程碑。不论我们是探讨意识的阶段、能量的阶段、文化的阶段、灵性实现的阶段或道德发展的阶段，其实我们都是在讨论你的潜能向更高远、更深广的方向发展时所出现的那些重要基础阶梯。

重要的是，无论何时使用IOS，它都会自动提示你去检视自己是否包含了任意状况的**阶段特征**，这会极大提升你成功的可能，不管你是用个人转化、社会变革、事业成功、关怀他人或是生命满足来衡量成功。

发展路线：各有高低

你是否注意到，所有人的发展都是那么不平衡？有些人的逻辑思维能力极度发达，但在情感发展上明显落后；有些人的认知能力非常出众（他们很聪明），但道德修养低下（他们卑劣且残忍）；有些人的情商发达，数学却一塌糊涂。

关于这一问题，霍华德·加德纳（Howard Gardner）提出了著名的**多元智能**（multiple intelligence）理论：人类拥有不同的智能，如认知智能、情感智能、音乐智能、运动智能，诸如此类；大多数人都是擅长于其中一两个方面，在其他方面则天赋不高。这不一定是坏事。整合智慧的其中一项功能就是帮助你找出自己的优势，从而为世界奉献最好的礼物。

这意味着我们既需要觉知自己的强项（或我们发展显耀的智能），同时也要知道自己的弱点（我们不擅长甚至病态发展的地方）。这把我们带到了我们五大根本要素中的另外一个：多元智能，或者发展路线。之前我们已说明了什么是**状态**和**阶段**，那么**路线**或多元智能又是什么？

多元智能包括认知、人际关系、道德、情感以及审美。由于这些智能的成长与发展以阶段的方式次第展现，所以也称为**发展路线**。它们都有哪些发展阶段在前文已有述及。

也就是说，每一项多元智能都是通过三个阶段而得到成长（其他发展模式有数量不同的阶段，三个阶段、五个阶段或者七个阶段都可以。记住，这些就像摄氏温度与华氏温度的计温方法一样）。例如，你可以在认知智能方面实现从阶段 1 到阶段 2 再到阶段 3 的发展。

这对其他智能也同样适用。在情感智能上实现阶段 1 的发展，意味着你习得了以“我”为中心的情感能力，尤其是有关饥饿、生存和自我保护的情感与驱力。如果你的情感发展从阶段 1 演化到阶段 2，即从自我中心到种族中心，你的情感认同就会从“我”扩展为“我们”，并开始对所爱之人、家庭成员、亲密朋友，或者你所属的部落乃至国家表现出情感奉献和情感依赖。如果你发展出阶段 3 的情感能力，你的关爱与同情将超越自己的部落或国家，以世界中心的方式，试图将全人类和其他有情众生都包括在内。

记住，你在每一阶段所习得的能力都是终身的。在此之前，你有可能短暂地进入某些状态，如扩张的认知与存在感、恍然大悟的美妙经验、在意识状态的深刻转换中瞥见自己更高的可能性，等等。只要适当地练习，你就可以将这些短暂的状态转化成持久的阶段，成为自己永久的特征。

整合心理图示

有一种简单的方式可以将这些多元智能或多元路线表现出来。表格3是一个简单的图表，展示了三个主要阶段（或发展**层次**）以及五种最为重要的智能（或发展**路线**）。**经由主要的阶段或发展层次，不同的路线得以展开**。这三个层次或阶段可以应用于任何发展路线，性的、认知的、灵性的、情感的、道德的，诸如此类。从成长与意识发展的角度来看，某一具体路线的层次就意味着那一路线的“高度”（altitude）。这就是为什么人们会说，“那个人道德高尚”，或者“那个人很有灵性”。

每个人都有自己的心理图示。表格3显示，此人在认知能力

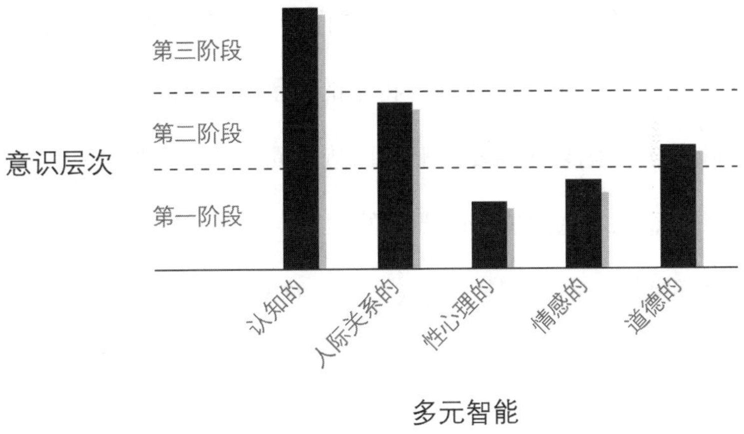

表格 3：心理图示

上高人一等，人际关系不错，但道德感不强，情商很低。

心理图示可以帮助我们找出自己最大的潜能。你可能已经知道自己的长处与短处，但整合之道让你对自己的认识极大地精细化，这样你便可以更加自信地面对自己与他人的优势与弱点。

心理图示还可以帮助我们找出自身发展不均衡的原因，这能防止我们误以为自己在某些领域很有天赋，那么就应该在所有领域都得心应手。事实恰恰相反。不少领导人物，如灵性导师和政治领袖都因为对这一简单现实的误会而失之毫厘，谬以千里。

“整合地发展”并不意味着你必须在所有领域都出类拔萃，或者你的所有发展路线都必须达到阶段 3，但却意味着你能够清楚地认识到自己的心理图示到底是什么样子。一旦拥有了如此整合的自我形象，你就可以有效地为将来的发展做计划。对有些人来说，这意味着去强化某些因发展滞后而造成问题的智能路线；对其他人来说，则意味着去解决一个严重的问题，或某一路线上的病征（如性心理问题）；而对另外一些人来说，这只是意味着认识自己的优势与缺点，然后做出相应计划。应用整合图谱，我们就可以绘出更为精确的心理图示。

也因此，达到**“整合的认识”**并不意味着你必须掌握所有的发展路线，只是要知道它们的存在。如果你选择纠正当中的不平衡，整合式生活练习（Integral Life Prontice，简称 ILP）能通过非常有效的“灵性交叉训练”来提高你的意识和发展路线的层次，为你带来切实的帮助（我们会在第六章详细探讨 ILP）。

此外，有一点很重要，在特定类型的心理学和灵性修炼中，你会在一开始就体验到全部的意识状态和身体经验，如高峰体验、冥想状态、萨满灵视、意识转换等。这些高峰体验之所以可能，是因为诸多主要的意识**状态**（如清醒 – 粗糙的、梦境 – 精微的、无形 – 因果的）都有恒时存在的可能性，因此你就可能很快地进入那些意识的**高级状态**。

但是，没有真正的成长与实践，你不可能获得**高级阶段**的所有特质。你可能会有某些高级状态的高峰体验（如看见内在的精微之光或感觉万物一体），因为很多状态都是长存的，所以能够在当下被“瞥见”。但你不会拥有高级阶段的高峰体验（如成为可以举办演奏会的钢琴师），因为阶段是按顺序展开的，需要时间来发展。每一阶段都以前面的阶段为基础，无法避开，就像从原子到分子，分子到细胞，细胞到生命体的进化过程一样，你不能跳过分子，用原子直接组成细胞。这是状态与阶段之间的诸多重要不同之一。

然而，通过重复练习进入高级状态，你自身的发展阶段就会以更加迅速且轻松的方式得以展开，这已经由数量可观的实验证实。你进入高级意识状态（如冥想状态）的次数越多，你的成长越快，经历各个意识阶段的速度也会大大提高。在发展的螺旋进程里，进入高级状态的训练行为就好像润滑剂，帮助你摆脱对较低阶段的认同，以便让下一个更高阶段得以出现，直到你能够持续稳定地维持更高层次的觉知，作为过程的状态就成为你永久的特征。这些更高状态的训练方法，如冥想，是任何整合之道都会涉及的转化手段。

简言之，你无法跳过必经阶段，但你可以通过各种不同的状态练习方式，如冥想，来加速成长过程，这些具有转化作用的实践是整合之道的重要组成部分。

类型：男孩或女孩

你自身领域的“整合图谱”中，另一个要素就是，先前每一个要素都有男性与女性两种类型。

类型是指那些在任何阶段或状态都会出现的项目。一个常见的类型学就是迈尔斯·布里格斯类型（其主要类型是感受、思考、感觉以及直觉）。**在发展的任何阶段你都可能成为这些类型中的任何一种**。这种“水平类型学”非常有用，特别是当它们与层次、路线和状态结合在一起时。为了表明类型所涉及的内容，我们可以用“男性的”与“女性的”作为例子。

卡罗尔·吉利根（Carol Gilligan）在其影响广泛的著作《不同的声音》（*In a Different Voice*）中指出，男人和女人都会经历三或四个主要的道德发展阶段；大量研究证据表明，这些道德阶段可以被称为前习俗期、习俗期、后习俗期以及整合期。其实，这与我们前面所使用的三个简单发展阶段十分类似，只不过是将它们应用于道德智能。

吉利根发现，阶段 1 的道德观是完全以“我”为中心的（因此这之前的习俗阶段也可以称为**自我中心**）。阶段 2 的道德发展关注“我们”，我的认同从“我”扩大到我所在的群体（因此这一习俗阶段通常被称为**种族中心**，它是传统的、墨守成规的）。在阶段 3 的道德发展中，我的认同从“我们”扩大到“所有人”，或者说所有人类（甚至所有有情众生），因此这一阶段又被称为**世界中心**。现在，我不只热爱自己（自我中心）和我的家庭、部落或者国家（种族中心），我也关爱全人类，无论他们的性别、种族、肤色或信仰到底为何（世界中心）。如果我继续成长，在阶段 4 的道德发展中，吉利根将其称为**整合的**，那么……

在我们探讨吉利根作品的重要结论之前，让我们先了解一下她的主要贡献。吉利根坚称，女性和男性一样，都会经历三到四个主要的成长阶段。吉利根将这些阶段视为不同等级是正确的，因为每一等级相较前一等级，都有着更高的关心与同情他人的能力。同时她认为，女性在这些阶段的发展过程中，应用了不同的逻辑类型——她们是在用一种“不同的声音”实现发展。

男性逻辑或者男性的声音倾向于以自治、公义和权利这些措辞为基调，而女性的逻辑或声音则主要以关系、关心与责任为基调。男性倾向于自主，而女性倾向于共享；男性重规则，女性重情感；男性善观察，女性善感受；男性倾向于个人主义，女性更注重关系。吉利根很喜欢这么一个小故事：一个小男孩与一个小女孩在玩耍，男孩说："我们扮演海盗吧！"女孩则说："我们过家家吧。"男孩坚持："不，我想玩海盗游戏！""好，那你就扮演住在我家隔壁的海盗吧。"

当小男孩在玩棒球这样的游戏时，他们不喜欢有小女孩在旁边，因为两种声音会发生严重冲突，而且常常是让人好笑的冲突。比如一些男孩正在玩棒球，其中一个被三振出局，于是他开始大哭。其他男孩都站在原地不动，直到那个孩子停止哭泣，毕竟规则没法改变，而规则就是：三振出局。吉利根指出，如果有小女孩在场，她通常会说："算啦，再给他一次机会吧！"她看到有人哭便想伸出援手，想表达关心，想给予安慰。这却让男孩们不知所措，因为此时他们正在尝试通过游戏，进入规则与男性逻辑的世界。吉利根说，男孩宁可伤害情感也不会破坏规则，女孩则会为了情感而打破规则。

这就是不同的声音。男孩与女孩都会通过道德成长的三或四个阶段而得到发展（从自我中心到种族中心再到世界中心，直至整合状态），但他们会以不同的声音进行，应用不同的逻辑。吉利根特别指出了女性发展过程中的等级次序：**自利**（自我中心的）、**关怀他人**（种族中心的）、**普世关怀**（世界中心的），最后是**整合**。为什么吉利根说这些阶段是等级性的（人们在这方面对她误解甚深）？因为相对前一阶段而言，后一阶段表现出更高的关怀与同情的能力（并非有等级就是坏的，这就是一个好例子）。

那么整合阶段或阶段 4 到底是什么？据吉利根说，在道德发展的第四或最高阶段，我们每个人内在的男性与女性的声音会趋向整合。这并不是说在这一阶段，个人的性别特征不复存在，变成一个枯燥无味的、雌雄同体的、无性的存在。事实上，男性与女性的气质特征可能会更加明显，不过这意味着个体更容易接纳自己内在的男性与女性模式，尽管这两种模式必有一方在个性行为中居于主导地位。

你见过双蛇杖吗（医疗行业的象征）？双蛇缠绕在权杖上，权杖顶部有一双翅膀。权杖代表身体中央的脊柱；双蛇交缠之处代表沿脊柱自下而上分布的各个脉轮；双蛇本身代表每一脉轮中的太阳与月亮（或男性与女性）的能量。

七个脉轮也就是三个层次或阶段的较为复杂的版本，代表了所有人都可能经历的七个意识与能量层次。（前三个脉轮关乎食物、性和意志力，大体等同于阶段 1；第四和第五脉轮关乎情感与沟通，

双蛇杖

大体等同于阶段 2；第六和第七脉轮与灵魂、神性有关，是阶段 3 的体现）根据传统看法，关键是**这七个层次中的任何一个都具有男性与女性两种模式**（方面、类型或“声音”）。两性差异并不能说明好坏高低，它们是每一意识层次中的两个对等类型。

例如，在第三轮（自我中心的意志力脉轮）中，同时有着男性与女性的版本：在那一脉轮层次中，男人倾向于自主地运用权力（要么听我的，要么滚蛋！），女人则倾向于通过群体或社会行使权力（就这么做，不然不理你）。其他脉轮也是如此。每一脉轮都有着太阳与月亮或男性与女性的维度，哪一个都不能忽视。

然而在第 7 脉轮中，我们会看到，代表男性与女性的双蛇同时消融于它们的源头。男性与女性相遇并且在顶端合而为一，那就是吉利根在她所提出的道德发展阶段 4 中所发现的：两种声音在每个人身上都实现了整合，于是便出现了自我与群体、权利与责任、专权与共享、智慧与慈悲、正义与怜悯，以及男性与女性的悖论性结合。

重点是，不论你何时应用IOS，你都要自觉审视自己、他人、组织以及文化，并确保你同时包含了男性与女性的类型，这样你便可以拥有尽可能强大的包容能力。如果你认为，男性与女性之间没有本质差别，或者你对这些差别持怀疑态度，那你尽可以等同视之。我们只是说，在任何情况下，不管你的观点如何，你都要同时以男性和女性的方式去处理所有的细节。

不仅如此，还有许多有效的“水平类型学”可以为IOS所用，就像我们可以选择单独或综合利用迈尔斯·布里格斯类型、九型人格等作为整合之道的组成部分。类型与象限、层次、路线和状态是同等重要的。

病态男女

有意思的是，每一种类型都有两个版本：健康的和病态的。说某人受制于不健康的类型，这不是评判他，而是去理解他，并以更清晰、更有效的方式与之交流。

正如每一发展阶段同时具有男性与女性的维度，这些维度可以是健康的，也可以是病态的，有时我们称之为“病男孩，病女孩”。这是另一种非常有用的水平类型分类。

如果说，健康的男性原则倾向于自治、力量、独立以及自由，那么当这一原则变得不健康或者病态时，意味着所有这些品格的积极面向要么发展得太过，要么不及。自治变成了疏离，力量变成了支配，独立变成了对关系与承诺的病态恐惧，对自由的向往则变成了毁灭的力量。病态的男性原则不是超越自由，而是被恐惧支配着。

如果说，健康的女性原则倾向于和顺、建立关系、关怀以及慈爱，那么病态的女性原则在这些方面就会陷入挣扎。与其说她能够维持关系，不如说她迷失在关系中。她无法以一个健康的自我与他人共处，她完全地失去了自我，并且被关系所支配。不是联结，而是消解；不是自在，而是惶恐；不是交融，而是沦陷。病态的女性原则没有在联结中发现圆满，而是在消解中迷乱。

使用IOS，你就有办法辨认出自己和他人身上健康的以及病态的男性和女性维度。本章的关键内容非常简单：不同的类型学都有助于我们与他人的理解和交流；任何类型都有健康与病态之分；指认出病态的类型，并不是让你去评断他人，而是让你去理解对方，以便与对方更有效地交流。

漫画“卡希亚，我知道，只要结合恰当的治疗和药物，
我就能跟你建立有承诺的关系。”

多重身体

现在让我们回到对意识状态的探讨，在得出一个整合结论之前作最后的立论。

意识状态并不是在空中盘旋摇摆，缥缈无实体的某些东西，相反，每一个心智都有自己的“身体”。每一种意识状态都有可以被感知的能量成分、一种具体的情感，任何一种觉知状态都有一个实在的载体为之提供切实的支持。

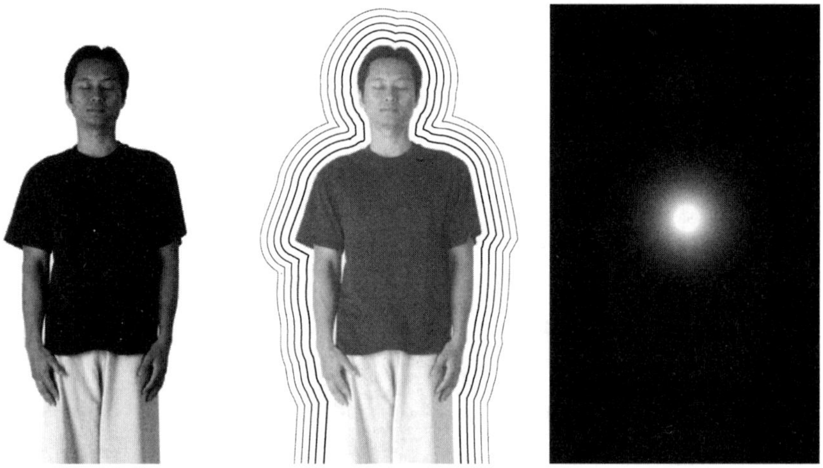

让我们用智慧传统中的简单例子来说明。由于我们每个人都拥有三个重要的意识阶段，清醒、梦境以及无形的深睡，因此，智慧传统认为我们每个人都拥有**三个身体**，即外在的**粗重身体**（gross body）、隐秘的**精微身体**（subtle body）以及无形的**因果身体**（causal body）。

我有三个身体？开玩笑吧，一个还不够吗？但是我们要记住以下事实。对智慧传统来说，“身体”只是经验或者能量觉知的一种模式。因此会有外在的、粗糙的经验，隐秘的、微妙的经验，以及更精微、无形的因果层面的经验。这些都是哲学家所谓的“现象学的事实”，或者说是我们当下觉知中呈现的真相。此刻你就可以去经验粗重身体及其物质能量、精微身体及精微能量、因果身体及因果能量。

就这三个身体，我们举例说明如下。注意，现在你处于觉知的清醒状态，你意识到的是你外在的**粗重身体**，是肉眼可见的、物质的、能感觉和运动的身体。但是当你在夜晚做梦的时候，这物质的粗重身体便不复存在，好像消失了一样。在梦境状态，你也有觉知，但你此时拥有的不是物质化的粗重身体，而是一个由光、能量、情感以及变动的画面组成的**精微身体**。在梦境状态，心智与灵魂自由了，他们可以随意创造，不受粗糙感官的限制，想象出更广阔的世界，甚至魔术般地触及其他灵魂、远方的人和地方。狂野而清晰的图像会随着你心中欲望的律动而连绵不绝地出现。那么，你在梦境中拥有的是什么样的身体呢？就是会聚了情感、图像甚至光亮的**精微身体**，那就是你在梦中的感觉。梦境并非“仅仅是幻象”，当马丁·路德·金说“我有一个梦”时，这就是发觉幻梦之伟大潜力的典范，在梦境中，身体与心灵都变得自由，可以实现最高的可能。

当你带着精微身体从梦境状态进入深睡或无梦的深睡状态，就连心智和图像都消失不见，剩下的只是无边的虚空，一种超越任何个体“我”或自我的无形扩张。伟大的智慧传统认为在这一状态中，看起来虽然只是一片空白或虚无，但我们其实进入了广阔的无形领域，那里是大虚空或存在之基础（Ground of Being），是意识的无限扩展。伴随这一近乎无限的意识扩展，存在着一个近乎无限的身体或能量，即**因果身体**，这是拥有最精微、最微妙经验的身体，是伟大的无形状态，创造的各种可能性在其中产生。

当然，很多人没有彻底地经历这种深度状态。但是，所有的智慧传统一致认为，人们可以带着完全的觉知来经验这种无形的状态及因果身体，为成长与觉悟带来意想不到的可能。

再次强调，无论何时使用IOS，它都提醒我们要检查自己清醒状态下的现实、精微状态下的梦境、幻象以及创新的思想，还有我们开放的、无形的创造之源头。整合之道的核心在于，我们希望以最大的潜能去“触及所有的垒”，这样便不会错过任何成长与转化的可能，以及各种解决问题的方法。

意识与复杂性

也许三个身体这一说法太离谱了？但是要记住，这些都是现象学的事实，是真实的经验。我们还有一种更为简单且不那么离谱的方式来看待它们，这种方式基于脚踏实地、实事求是的科学，那就是：内在意识的每一层次都与外在某一层次的复杂形体相对应，意识越高等，容纳这一意识的系统也就越复杂。

例如在生命机体内，**爬行动物的脑干**由内在基础意识相伴随，这些基础意识包括食物与饥饿、身体感觉以及运动行为等基本生存驱力（也就是我们前面所说的“粗重身体”，都以“我”为中心）。到了更为复杂的**哺乳动物的大脑边缘系统**，基本感觉已经扩展并进化为相当复杂的情感、欲望、情性冲动以及各种需求（这就是我们所谓的精微体验或精微身体，意识从“我”扩展到了“我们”）。随着进化过程演化出更为复杂的身体结构，如拥有**新大脑皮质**的**三重构造脑**，意识更进一步扩展为世界中心，就是对“所有人”的觉知（因此有了我们所谓的因果身体）。

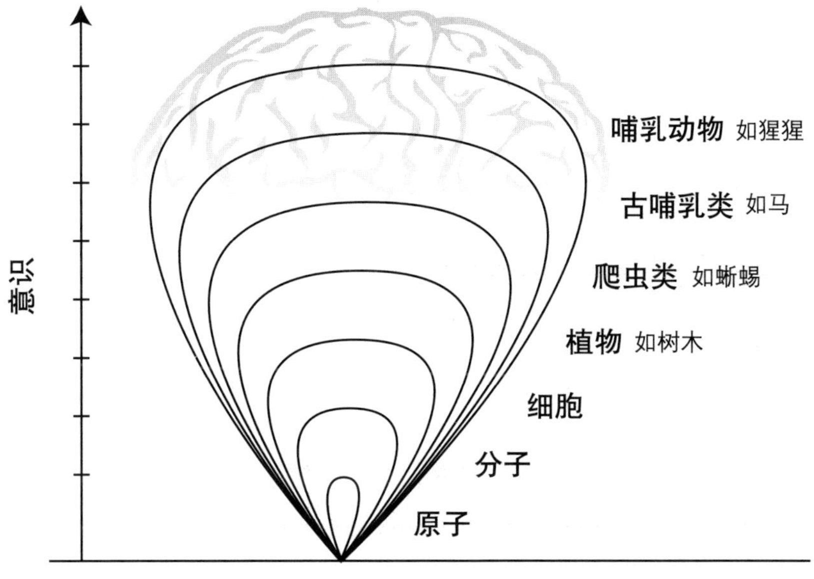

表格 4：复杂性的增加意味着意识的进化

这一个非常简单的例证就可以说明，不断进化的内在意识必然伴随着不断复杂化的外在系统。当我们使用IOS的时候，我们通常会同时审视**意识的内在层次**，以及**复杂程度与之相应的外在形体层次**，唯有顾及两者，才能找到更为平衡与兼容的发展方式。

我们会在下一章清楚地认识到这意味着什么。

chapter 3

第三章

要素的统合

连接的
模式
是什么？

让我们从四个

深层维度

或

视角开始

探讨，

正是它们让你的宇宙

统合起来。

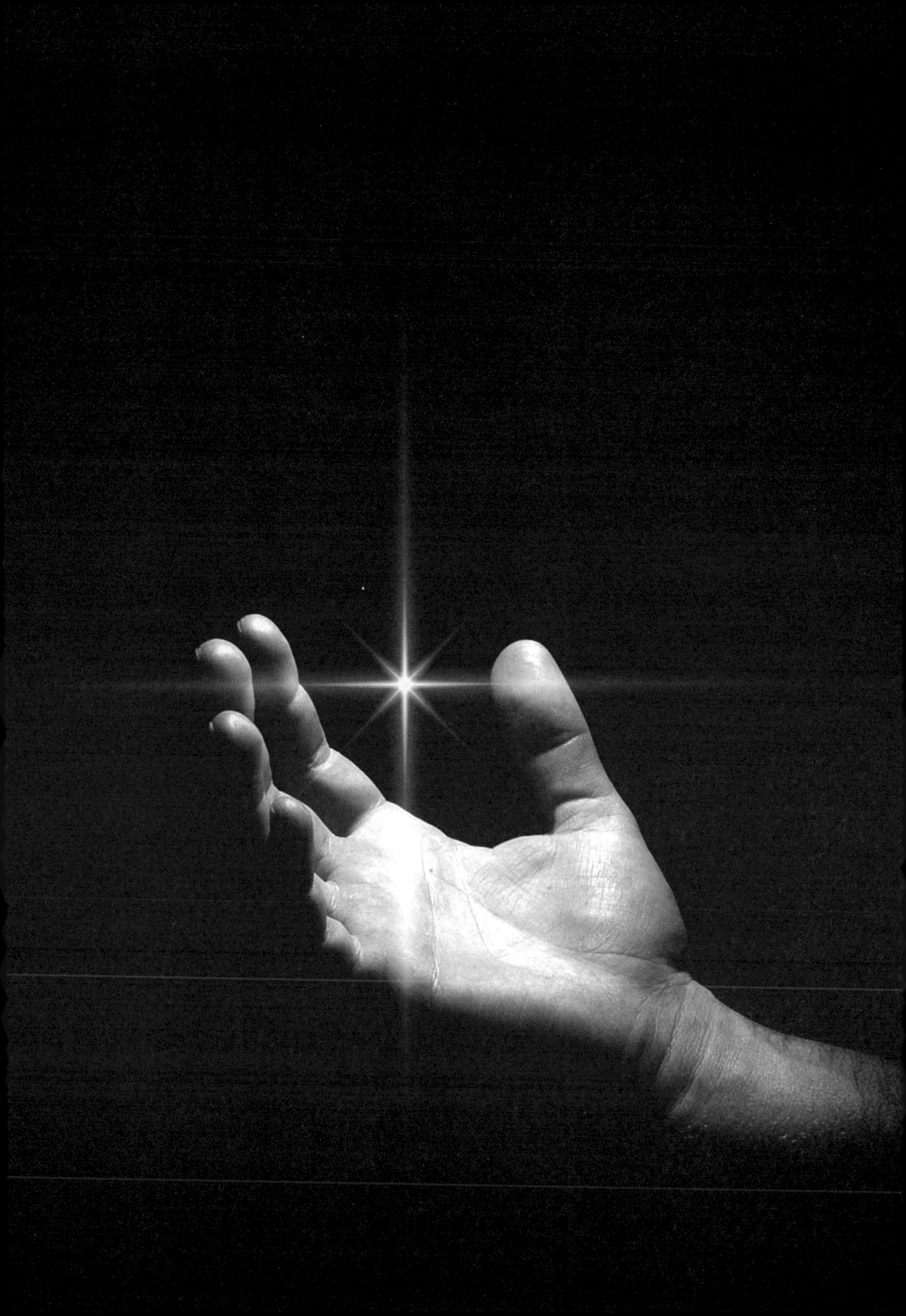

如果 IOS 以及整合模式没有为我们指出所有这些不同的要素是如何关联的，那么它就并非是“整体”，而只是“堆砌”。这些要素到底怎样统合到一起？将所有的跨文化研究成果摆到一起，说“它们都很重要”是一码事，找出它们之间的关联模式则是另一码事。整合之道的主要贡献就是发现了互相关联的深层模式。

在这一章，我们会列出这些模式的概要，作为整体，它们有时被称为 A-Q-A-L，即“所有象限，所有层次，所有路线，所有状态，所有类型”的简称，也就是我们前面讨论过的要素（还有我们马上要谈到的象限）。AQAL 只是 IOS 或者整合图谱的另一个名称，但这一名称经常用来特指这种整合之道的关联模式。

在本书的导言里我们说过，整合模式的所有五大要素都是你可以在当下觉知的，这对象限来说也是如此。

你是否注意到各大语种都包含我们所谓的第一人称、第二人称及第三人称代词？**第一人称**的视角指的是“作为说话者的自己”，包括单数代名词“我”、“我”之宾格和“我的”，以及复数的“我们”、“我们”之宾格和“我们的”。**第二人称**的视角指的是“说话的对象”，包括代名词“你”和“你的”。**第三人称**的视角指的是“说话人谈论的对象”，如“他／她”、宾格的“他／她”、“他们”，还有“它”和“它们”。

比如，如果我在跟你谈论我的新车，“我”是第一人称，“你”

是第二人称，而“新车”（或者“它”）则是第三人称。现在，如果你和我在谈论和交流，那么我们便可以用“我们”这个词来代替“我和你”，如“我们相互理解”。从技术上来说，“我们”是第一人称的复数形式，但如果是你和我在交流，那么你的第二人称和我的第一人称则是“我们”的组成部分，因此第二人称时常用“你 / 我们”、“您（thou）/ 我们”或仅仅是“我们”来表示。

因此我们可以将第一人称、第二人称和第三人称简化为“我”、“我们”和“它”。

这看起来平淡无奇，也许还有点无聊？那如果不说“我”、“我们”和“它”，而说“真”、“善”、“美”，感觉怎么样？如果说，在每一时刻，真、善、美都是你自身存在的维度，其中包含了所有发展和成长的层次，通过整合之道的实践，你对自身的真善美将有更深刻的体验，这下是否觉得有意思多了？

真、善、美不过是第一人称、第二人称及第三人称的变体罢了，在所有语言中都可以发现它们，因为真、善、美是实相的真实维度，也正是语言所对应的维度。第三人称（或者“它”）泛指客观真实，这是科学擅长研究的领域。第二人称（或“你 / 我们”）泛指善，即你和我彼此相处的方式，不管我们是有礼的、诚实的还是相互尊重的，换句话说，是基本的道德。第一人称则泛指有着自我与自我表达的“我”，艺术、美学，以及观察者 / 持

善

真

美

有者（“我”）眼中的美。

因此，在经验维度的“它”、“我们”和“我”，指的就是**科学**、**道德**和**艺术**，或**自然**、**文化**和**自我**，或**真**、**善**和**美**。

要点是，现实世界中的每个事件都包含这三个维度。你可以从“我”的视角去看待事件（我个人对事件的看法和感受）；你也可以采用“我们”的视角来看（你和其他人怎么看待事件）；同时还可以采用“它”的视角来看（事件的客观真实）。整合之道将所有维度，“我”、“我们”和“它”，或者自我、文化和自然都纳入考量，因此可以得出更为全面和有效的处理方法。

如果你剔除科学，或者艺术，或者道德，必然会有所遗漏，有所损毁。自我，文化以及自然这三者，一荣俱荣，一损俱损。由于“我”、“我们”和“它”是如此根本，所以我们将之称为四大象限，并把它们作为整合模式或IOS的基础（通过将“它”再分作单数的“它”和复数的“它们”，我们就有四大象限）。用几个表格就能清楚地说明该基本观点。

在表格5对四大象限的简单描述中，展示了“**我**”（个体的内在），“**它**”（个体的外在），“**我们**”（集体的内在）以及“**它们**”（集体的外在）这四个维度。也就是说，四大象限是各种事件中最为基本的视角（或四种看待问题的基本方式），简单说，就是**个体**和**集体**的**内在**与**外在**。

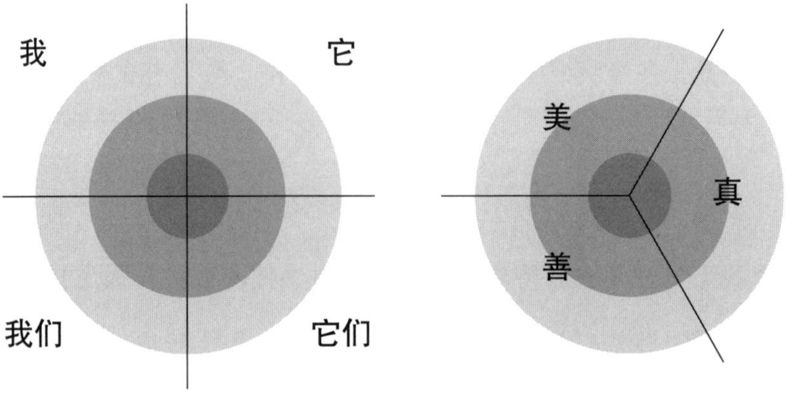

表格 5：象限

表格 6 和 7 展示了四大象限的部分条目（有些是技术性术语，不需要在此详细讨论，读者也不必深究；细读这些表格，你可以在每一象限中发现这些条目的不同类型）。

例如，在**左上象限**（个体内在）中，你会发现这里有自己的思想、情感、感觉等（所有这些都以第一人称描述）。但如果从外在来看待自己的个体存在，即不是以主体觉知，而是以客观科学的角度来看待，那么就会发现神经传递素、边缘系统、新大脑皮质、复杂的分子结构、细胞、器官系统、DNA 等，所有这些都以第三人称描述（“它”和“它的”）。因此，**右上象限**是从外在视角观察个体事件的样子。这其中包括它的物理行为、成分、物质和能量，以及有形的身体，这些都可以用**第三人称**“它”的形式来进行客观描述。

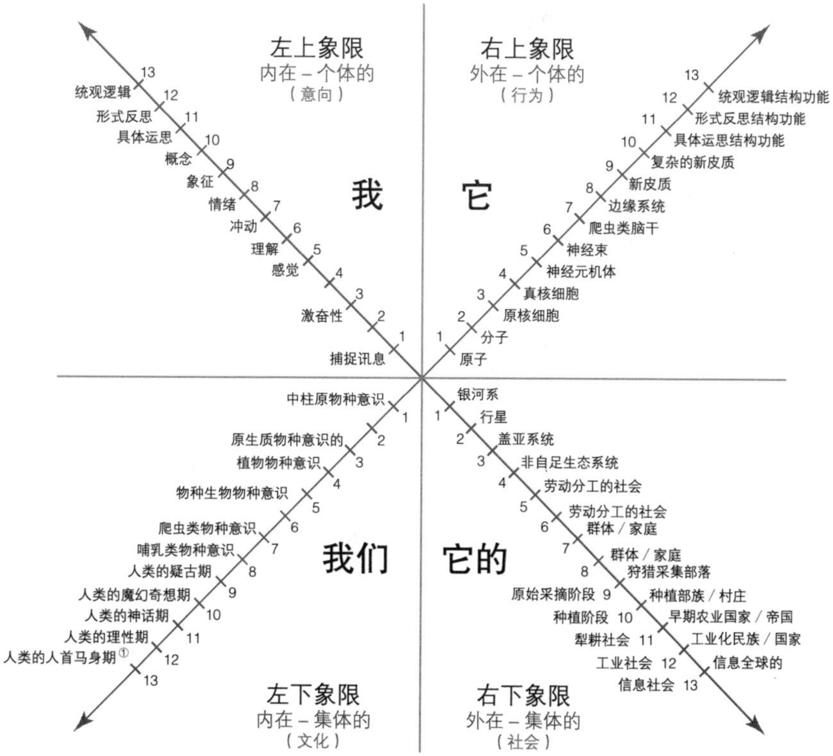

表格 6：象限的细目

上述有机体由物质、能量和客体所构成，正是你从外在的、客观的第三人称“它立场”所看起来的样子。然而从内在来看，你看到的便不是神经传递素而是情感，不是边缘系统而是强烈的欲望，不是新大脑皮质而是内在幻象，不是物质－能量而是意识，

① 希腊神话中人首马身的怪物，在这里指代人类意识成长的第六个阶段，即存在或统观逻辑的阶段，以人首马身象征人的智慧和肉体的整合。——校者注

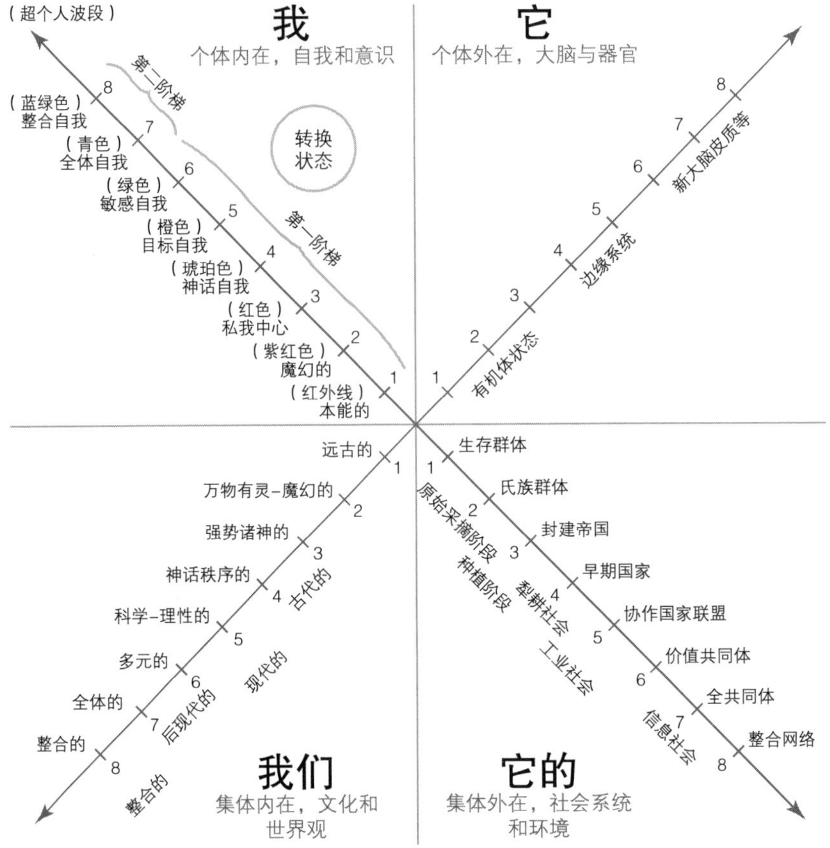

表格 7：人类的象限

这些都是从**第一人称**的直接体会而来的。两者哪个正确？根据整合之道，都正确，它们不过是对同一事件的两种不同视角罢了。当你试图否定或压制其中一个时，问题便产生了。整合之道必须包括这四大象限。

关联还在延伸。注意，每一个“我”都与其他的“我的”处于关联之中，这就意味着每一个“我”都是广大的“我们的”

一员。这些“我们的”不只代表个人，也代表团体（或集体）意识，不仅是主观的，也是主体间的意识，从最宽泛的意义上来说就是**文化**，这在**左下象限**有所体现。同理，每一个“我们”都有一个外在，或者从外部看到的东西，这就是**右下象限**。左下象限通常称为文化维度（或者是集体的内在意识，如世界观、共同价值、共同情感等等），而右下象限则是**社会**维度（或者是集体的外在形式和行为，这些是系统理论等第三人称视角科学的研究对象）。

再次重申，象限代表的只是**个体**、**集体**的**内在**与**外在**，关键是如果我们想要尽可能地整合发展，那么四大象限都必须包括在内。

象限一览

我们现在可以将象限、层次、路线、状态以及类型这五大要素拼接到一起，从**层次**（或**阶段**）开始，了解一下象限是如何将它们统合为一个整体的。

四大象限都展示了成长、发展或者进化的过程。换言之，它们都展示了发展的某些阶段或层次，不是像阶梯那样层级分明，

而是像水波那样连绵、流畅地展开。在自然世界中，这一过程无处不在，就像橡树从橡子长成参天大树，西伯利亚虎从受精卵开始以精密的步骤成长为成熟的有机体一样。

人类某些重要的成长过程与此相同，我们已经看过几个这样的例子。例如，在左上象限或者“我”中，我从自我中心发展为种族中心，最后拓展为世界中心，或者说，从身体到心智，最终发展出灵性。在右上象限，所感受到的能量现象从粗重身体扩展到精微身体和因果身体。在左下象限，“我们”从自我中心（“我”）扩展为种族中心（“我们”）最后达到世界中心（“所有人”）。这种群体意识的扩展可以使得右下象限的社会系统从简单的团体扩大为复杂的国家系统，并最终出现全球化的组织。每一象限的三大

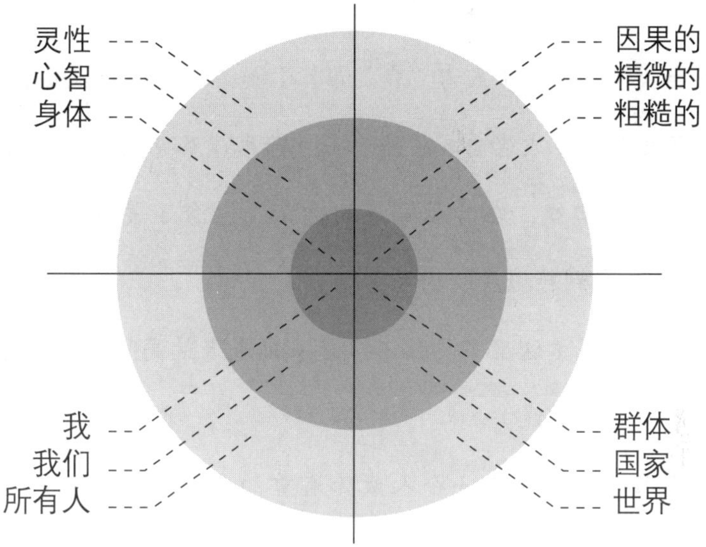

表格 8：AQAL

发展阶段可见表格 8 的说明。

讲完**层次**之后我们来看看**路线**。四大象限都有发展路线或发展流，由于我们集中探讨的是个人发展，所以我们就来仔细考察一下左上象限里的发展路线是什么样的。如图所示，这里有一打以上的多元智能，或者说发展路线。其中比较重要的有：

- **认知**路线（觉知事物之本然）
- **道德**路线（觉知事物之应然）
- **感情**或**钟情**路线（各层次的全部情感）
- **人际关系**路线（我与他人的关联）

- **需求**路线（如马斯洛的需求层次理论[①]）
- **自我认同**路线（或者“我是谁？”如洛文杰的自我发展理论）
- **审美**路线（或者自我表达、美、艺术以及意义的路线）
- **性心理**路线，在其最宽泛的意义上包含了爱欲的全部层面（从粗身到精微身、因果身）
- **灵性**路线（这里“灵性不只是基础或者最高阶段，也是其自身的开展路线）
- **价值**路线【或者一个人最为看重的东西，格雷夫斯（Clare Graves）对此颇有研究，并且通过螺旋动力学（Spiral Dynamics）让这一路线广为人知】。

所有这些发展路线或发展流都能通过基本的层次或阶段得以开展，它们都可以囊括进心理图谱。如果我们采用基根、洛文杰或者格雷夫斯的图谱，那么我们就会有五个或八个甚至更多的发展层次或波段。不同的划分与对错无关，问题是你需要什么样的

---

① 马斯洛的需求层次理论，亦称“基本需求层次理论”，是行为科学的理论之一，由美国心理学家亚伯拉罕·马斯洛于 1943 年在《人类激励理论》论文中所提出。该理论将需求分为五种，像阶梯一样从低到高，按层次逐级递升，分别为：生理上的需求，安全上的需求，情感和归属的需求，尊重的需求，自我实现的需求。还有另外两种需求——求知需求和审美需求——未被列入其层次排列中，他们认为这二者应居于尊重需求与自我实现需求之间。——编者注

“间隔尺度”或“复杂性”，以便更为充分地理解有关状况。

我们已经给出心理图谱的一个示例（表格 3）。而表格 9 借用的是圣母商业学院（Notre Dame Business School）的演示稿，这一表格使用 AQAL 模式去教授整合的领导之道。

所有象限都有发展路线，表格 9 展示的只是左上象限。至于右上象限，当它指涉的是人类自身时，其中最为关键的就是身体的物质 – 能量路线。我们可以看到，这一路线从外在的粗糙能量向精微能量和因果能量发展。作为发展次序，它意指永久获得驾驭自身能量的能力（否则，它们就只是暂时出现的状态）。右上象

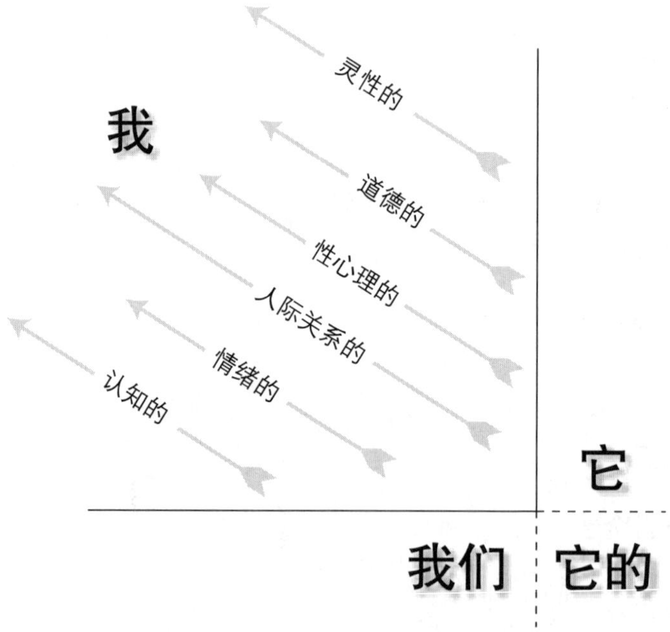

表格 9：心理图示的另一版本

限也指涉所有的外部**行为**、活动以及身体的客观运动现象（包括粗重身体、精微身体和因果身体）。

在左下象限，文化发展以波段形式渐次展开，开创性天才杰伯赛将整个过程分为：远古的、魔幻的、神话的、心智的、整合的以及更高的。在右下象限，系统理论考察了集体社会的系统演化（在人类社会中，这些阶段包括：采摘系统、农耕系统、工业系统、信息系统）。在表格 8 中，我们将这一过程简化为“群体，国家与世界”，用意大体都是把社会复杂性的层次整合进更为广大的系统之中。

作为概览，探讨细节不如抓住重点，也就是四大象限的本质：展开和流动，其中包含了意识、关怀、文化以及自然的扩展领域。简言之，“我”、“我们”以及“它”都可以进化，从原子到超新星，从细胞到大地女神，从尘埃到神性。

只要认识到图表的局限性，那么它们常能为我们提供帮助，我们已经看到了也许是最为简单的 AQAL（或者 IOS）图表，那就是表格 8，它只描绘了象限与层次。表格 10 比表格 8 完善，描绘了象限、层次以及路线（顺便指出，表格 10 是联合国儿童基金会用来分析全球儿童饥荒的）。

表格 11 是表格 10 的变化，“直线”变成了“螺旋线”，体现了许多发展路线的螺旋性质。无论我们怎样描绘，直线、螺旋线、

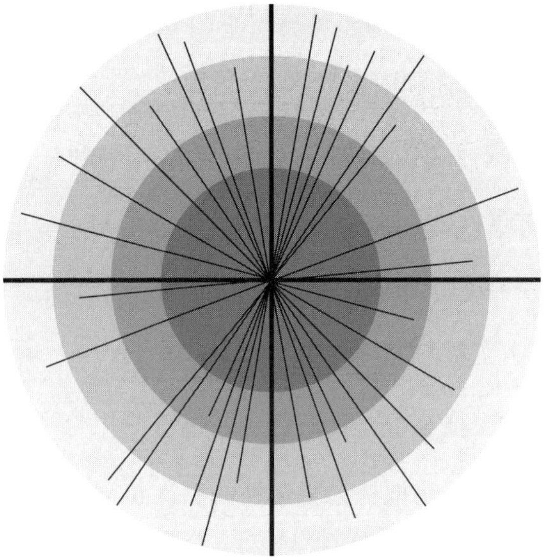

表格 10：象限，层次和路线

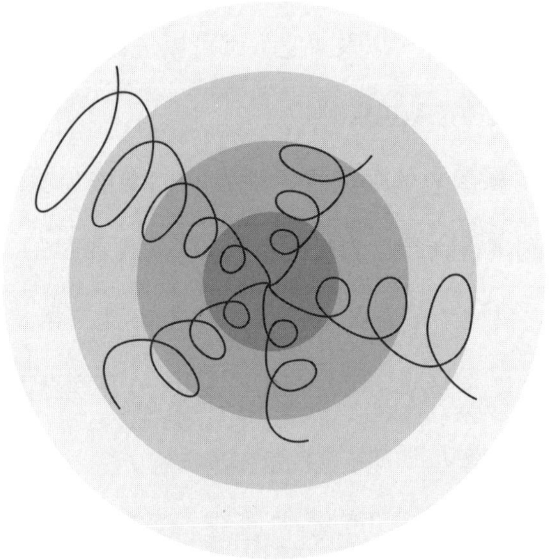

表格 11：螺旋的波与流

波流等，它们都存在于四大象限之中。

如果你已经对这些简单的图表有大体理解，我们现在就可以完成对余下要素的说明。**状态**在所有象限内都存在（从气候状态到意识状态），这里我们集中探讨左上象限的（清醒、梦境、深睡）**意识状态**，以及右上象限的**能量状态**（粗重的、精微的、因果的）。当然，如果任一状态变成永久的存在，它们就成为阶段，而不再是状态。

所有的象限内也都存在**类型**，但我们主要关注个体身上的男性和女性类型。男性原则更多与自主性统一，而女性原则更多与共有性相联，关键是每个人都同时具备两种类型的特征。最后一点，所有阶段都存在**病态的**男性类型和女性类型，即任何波段都存在病男孩和病女孩。

看起来很复杂？某种意义上的确如此。但是换个角度来看，人类不可思议的复杂性以及他们与宇宙的关联都可以通过与**象限**建立关系而得到简化（每一事件都可以从“我”、“我们”和“它”的角度来看待）；**路线**（或者多元智能）**的发展**伴随着**层次**（身体、心智、灵性）**的开展**；而每一层次都存在**状态**与**类型**。

“所有象限、所有层次、所有路线、所有状态、所有类型”的**整合模式**是处理这些根本要素最为简单的方式。我们有时将其简化为“所有象限、所有层次”，即 AQAL。举例来说，象限分作自

我、文化以及自然，而层次是身体、心智和灵性，因此我们可以说，整合之道就是**在自我、文化以及自然中对身体、心智以及灵性进行修炼**。

作为“IOS 基础介绍”，在下一章我们将以医学、商业、灵性、生态学以及个人生活领域的实际应用（或称之为 APPS）为例进行总结。我希望你们可以从中感受到整合模式的活力……

chapter 4

第四章

IOS 应用案例

整合理论
或许是
第一个
真正的世界哲学。

但在实际行动中，

整合的视界到底
是什么样子?

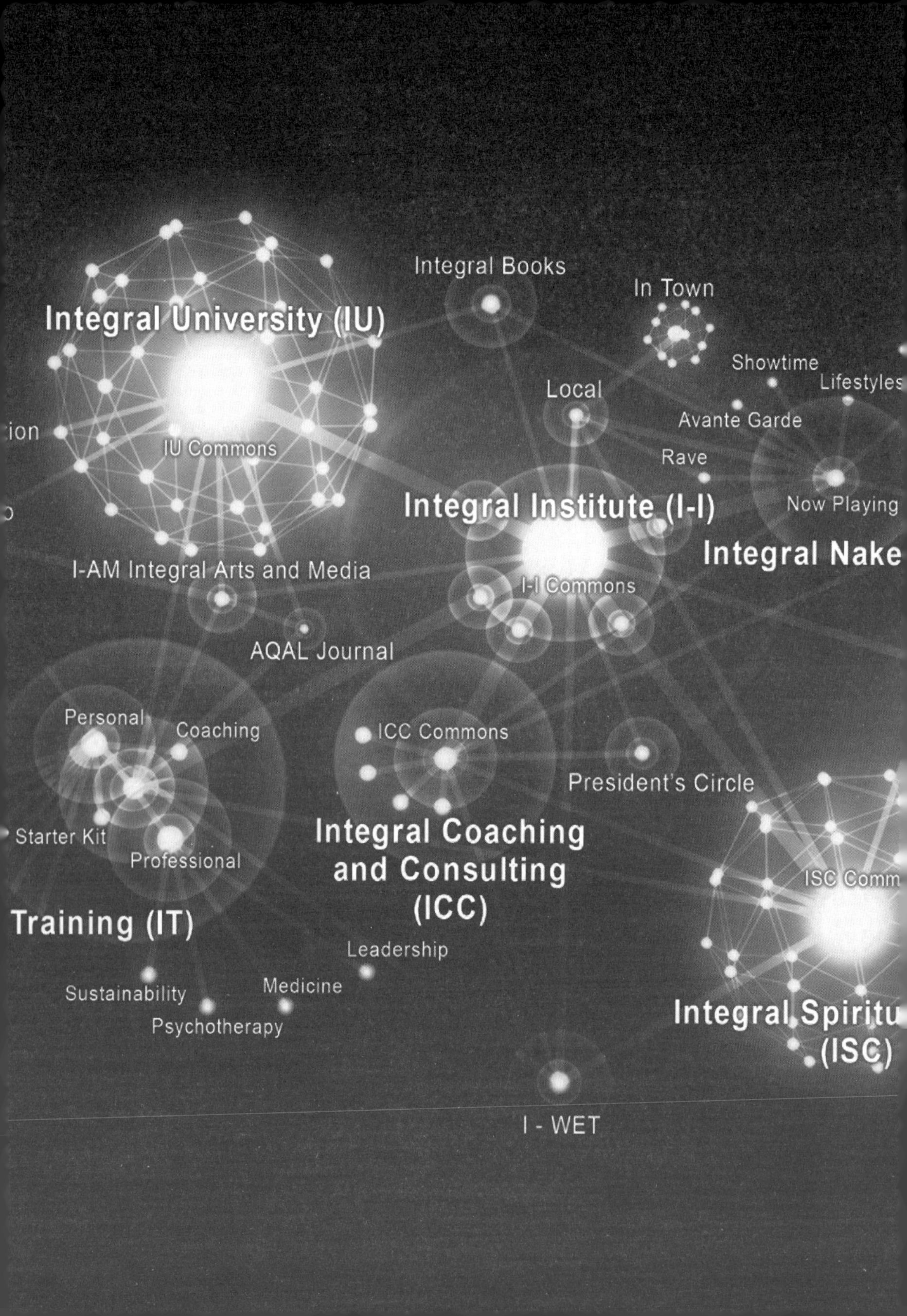

Integral University (IU)
Integral Books
In Town
Showtime
Lifestyles
Local
Avante Garde
ion
IU Commons
Rave
Now Playing
Integral Institute (I-I)
Integral Nake
I-AM Integral Arts and Media
I-I Commons
AQAL Journal
Personal
Coaching
ICC Commons
President's Circle
Starter Kit
Professional
Integral Coaching
and Consulting
(ICC)
ISC Comm
Training (IT)
Leadership
Sustainability
Medicine
Psychotherapy
Integral Spiritu
(ISC)
I - WET

在全世界，成千上万的人将整合的视界应用于不同的领域，从艺术到生态学，从医药到犯罪学，从商业到个人的转化。相比任何其他方式，整合之道涵括了更多的真理与潜能，它可以让个人在任何领域的实践都变得高效，令人心满意足。

整合医学

医学领域对整合模式的应用是即时的，全世界越来越多的医护人员在采用这种方式。浏览一下象限，我们就会明白为何整合模式如此有效。

正统的或者传统的医学是经典的**右上象限**方法。它几乎完全依赖外部介入的方式去处理有机体：手术、内服或外用的药物，以及行为矫正。正统医学从根本上认定，身体的疾病是由身体的物理因素所引起，因此所开的处方都是对身体进行干预。但是整合之道宣称，每一个物质身体的事件（右上象限）都至少具有四个维度（象限），因此，必须从四大象限的视角来全面审视物质身体的疾病（另外还有各象限里的层次，我们稍后会论及）。整合模式并不是说右上象限不重要，但它只是四大象限之一。

近年爆发的对另类疗法（如心理神经免疫学）的热衷潮流清

IOS APPS 案例研究之一：

整合医学

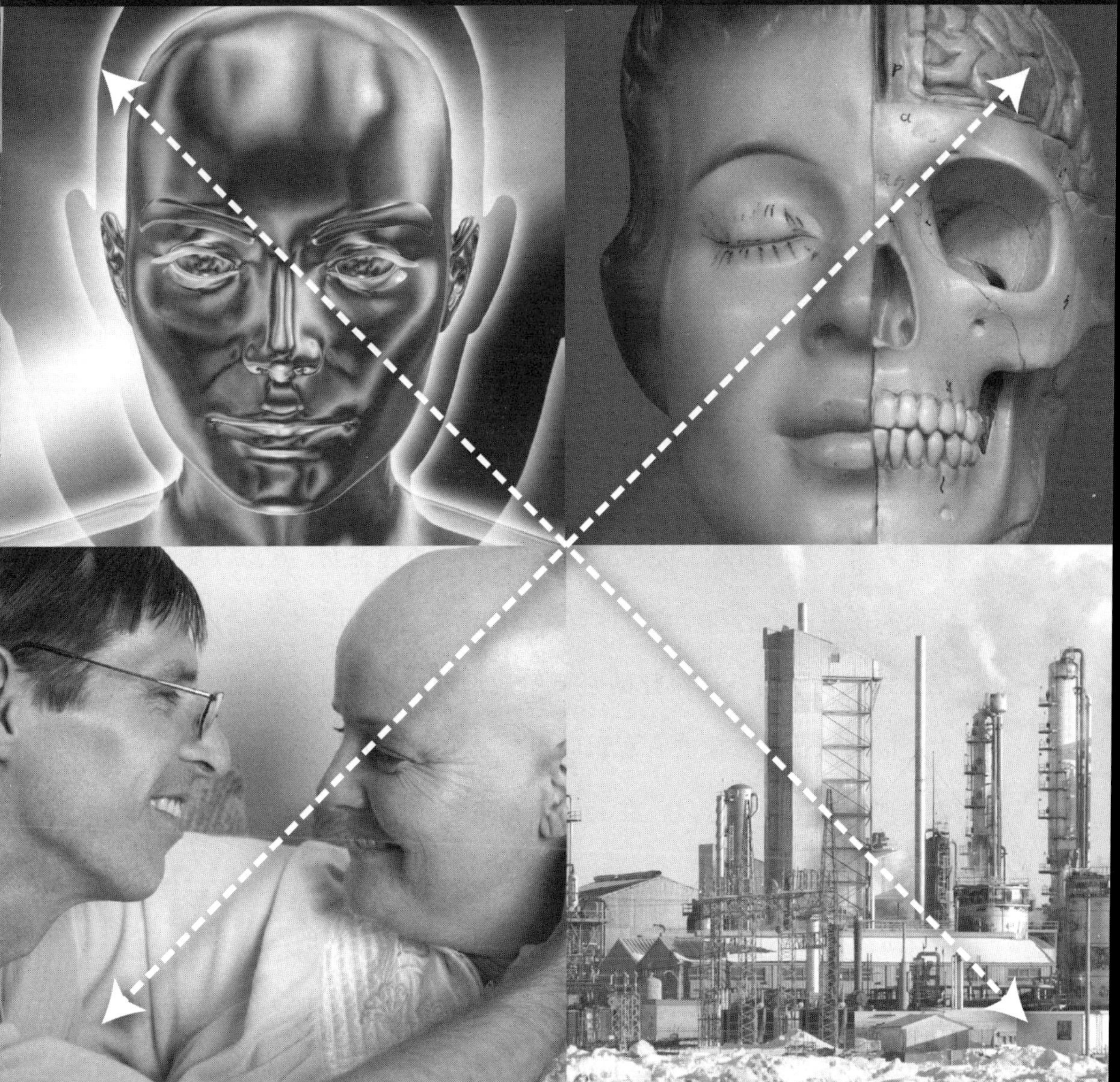

四个象限的所有要素都会对疾病的发生/疗愈产生影响。

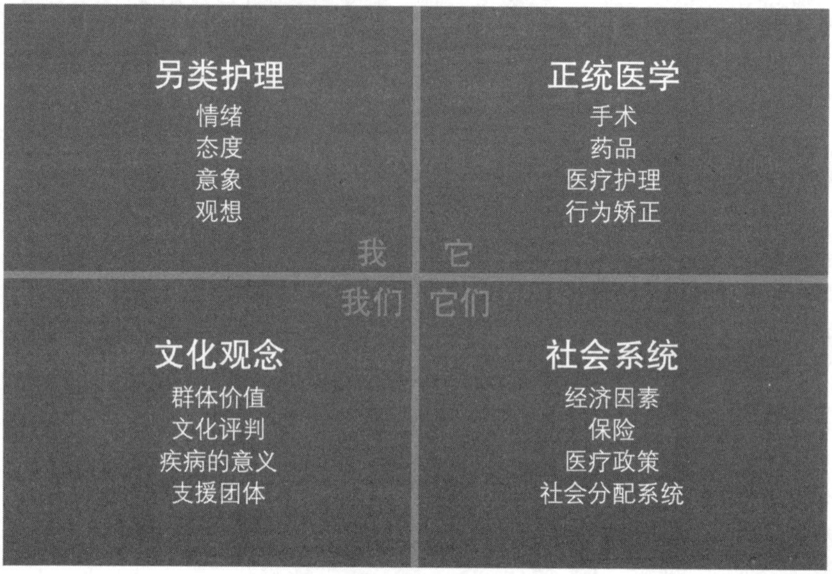

表格 12：整合医学的四大象限

楚地表明，人们的内在状态（他们的情绪、心理态度、意象以及倾向）在引发疾病和疗愈身体方面都起着关键作用。换句话说，**左上象限**是任何整体医疗的必要组成部分。实践证明，观想、肯定语句以及对意象的有意识应用，因作用于病人的情绪状态和心理景象而产生疗效，在大多数疾病的治疗上都扮演了重要角色。

虽然主观因素很重要，但个人意识不是凭空存在的，它不可避免地体现在共同的文化价值、信仰以及世界观中。一种文化（左下象限）如何看待某种具体的疾病（左上象限），是关怀和同情，还是嘲笑和蔑视，会深刻影响个体对待疾病（右上象限）的方式。**左下象限**包括任何人类交往活动中都会涉及的所有重大的主体间（intersubjective）要素，如：医生与病人之间的交流，家人、朋友对待疾病的态度以及他们向病人传达这一态度的方式，社会文化对具体疾病（如艾滋病）的态度（接受或厌恶），以及疾病本身所威胁到的文化价值。所有这些要素都能在一定程度上引发和疗愈疾病（因为每一种状况都具有四大象限）。

当然，在实践中，左下象限仅限于那些能够有效实施的因素，或许是医生与病人的交流技巧、家人和朋友的支援、对文化价值判断的了解以及理解它们如何对疾病产生影响。研究证据一致显示，有支援团体在身边的癌症病人，比那些没有获得类似文化支援的病人活得更长久。因此，左下象限中与此相关的要素对任何整体医疗都十分重要。

右下象限涉及物质的、经济的以及社会的因素，人们几乎从不把这些因素视为疾病的起因，但事实上就像其他象限一样，它们都能引发和疗愈疾病。一个无法提供食物的社会系统是会死人的（唉……那些遭受饥荒的国家每天都在证明这一点）。在现实世界中，每一实体（entity）都具有四大象限，右上象限的病毒也许是焦点所在，但如果没有可以提供治疗的社会系统（右下象限），你会很快死去。它们不是两个分开的议题，而是同为议题的核心所在，因为所有事件都具有四大象限。右下象限包含诸如经济、保险、社会分配系统，甚至像医院病房的布局（是否便于活动，探视者是否容易进出等）这类基本问题，当然还有环境毒化这类重大问题。上述条目列出了关于疾病成因及治疗的所有象限。

“所有层次”则说明了这样的事实，即每一个体在每一象限（见表格 8）都至少包含了身体的、情绪的、心理的以及灵性的层次。有些病痛主要是物理因素引发并可经由物理手段治愈（如被车撞断了腿）。但是大多数疾病的产生与疗愈都包含了情绪的、心理的以及灵性的因素。全世界成百上千的研究者让我们对于疾病具有的“多层次”本质和疗愈有了更为深刻的了解（包括萨满教、藏传佛教等伟大传统所提供的智慧洞见）。把这些层次补充到象限里，就能提供一个更完善和有效的医疗模式。

简言之，一个真正有效和全面的治疗计划必然包括所有象限和层次，也就是“我”、“我们”以及“它”（表格 5）都具有身体的、情绪的，心理的以及灵性的层次（表格 8）。这种整合治疗不但非常有效，而且节约成本，因此团体医疗对它也越来越有兴趣。

（如果你想了解更多相关内容，请登陆 www.integralUniversity.org 查询更多信息）

整合商务

最近，因为其效果立竿见影，整合模式在商务和管理领域的应用有爆炸式的发展。象限（表格 13）给出产品必须参与竞争的四种“环境”或“市场”，层次则为产品的生产和购买提供相关的价值类型。对价值等级的研究，比如已经在商业领域产生巨大影响的马斯洛的需求等级、格雷夫斯的螺旋动力学

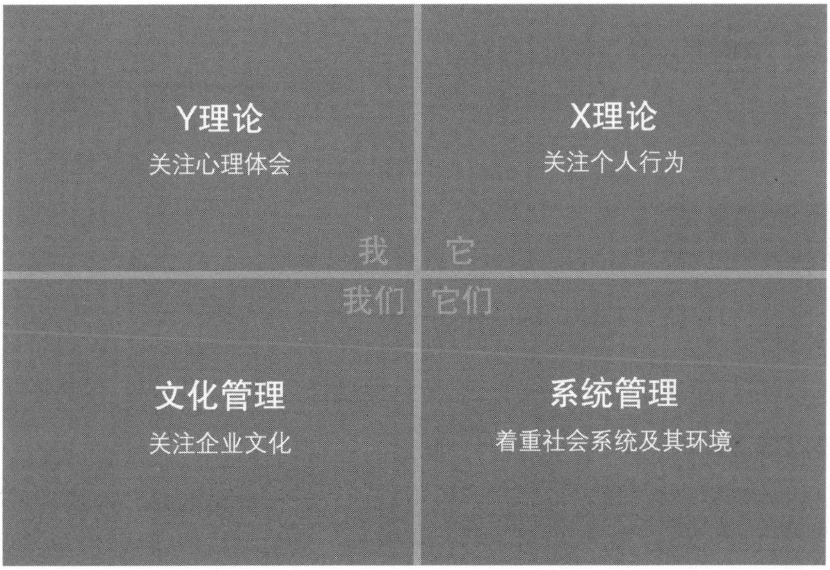

表格 13：整合商务的四大象限

等，可以与象限结合起来（象限会显示价值等级在四种市场环境中的不同表现），最终给出一个可以同时说明传统市场和网络市场的真正全面的图谱。

另外，基于整合之道或者 AQAL 模式的整合领导培训课程也开始繁荣起来。关于商业管理，现在主要有四种理论（X 理论强调个人行为，Y 理论强调心理交流和理解，文化管理强调集体文化，系统管理强调社会系统及其治理）。这四种管理理论实际上就是四大象限，因此整合之道必然涵括这四种管理方法。只要增添层次与路线，一个极为成熟精巧、迄今最全面的管理模式就产生了。

（如果你想要深入了解这种方法，请登陆 www.IntergralUniversity.org，浏览整合领导与商务中心）

整合生态学

整合学院的研究人员已经着手对整合生态学（AQAL 生态学）进行先导性研究，并预示了它将革命性地改变我们对环境问题的看法，以及带来新颖的实际解决方案。

基本的观点很简单：非整合模式的环境治理方法必然要失败。

IOS APPS 案例研究之二：

整合商务

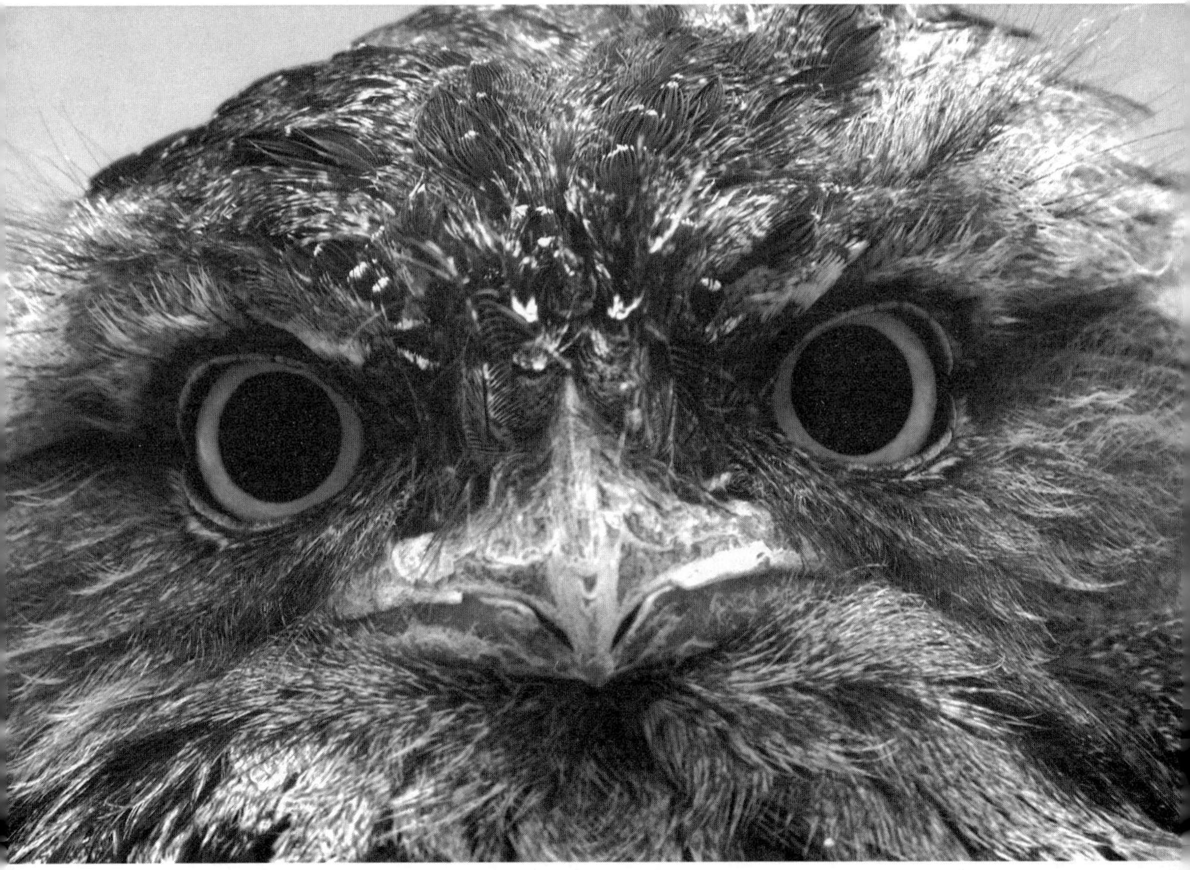

内在的（左边的）和外在的（右边的）象限都要纳入考虑。**外在**环境的可持续性固然是必要的，但如果**内在**领域的价值观和意识都没有成长并发展到世界中心这一层次，外在环境依然岌岌可危。那些只关注外在的解决方法只会增加问题。自我、文化以及自然必须同时得到解放，否则就会拖累彼此，如何达到这一目标，正是整合生态学的着力之处。

（如果你想对生态、环境以及可持续性有更为深入的了解，请登录 www.IntergralUniversity.org，加入我们的整合生态中心）

联结与入世的灵性

AQAL 模式对灵修的主要启示是，“存在”的不同层面，如身体的、情绪的、心智的和灵性的，都应该在自我、文化与自然（也就是是“我”、“我们”和“它”的领域）中同时得到淬炼。这一主题下有很多相关议题，从入世的灵性修行到以关系作为修行之道等，我们将所有这些重要因素纳入整合式生活练习（见第六章）。整合灵修的深刻启示已经被广泛传播，并开始产生影响。

然而，在我们完全理解“整合灵修”之前，我们必须理解“灵性”本身的意思。在这点上，我们会遭遇一系列的问题。不过，整合之道声称能解决所有问题，它能吗？

让我们拭目以待。

chapter 5

第五章

你是“有灵性，不宗教”吗？

为什么

宗教

会成为

令人感到

如此复杂、困惑的

分裂力量？

怎么会有那样一种事物，
在教导人们友爱与
生活之道的同时，
造成了无数的死亡与破坏？

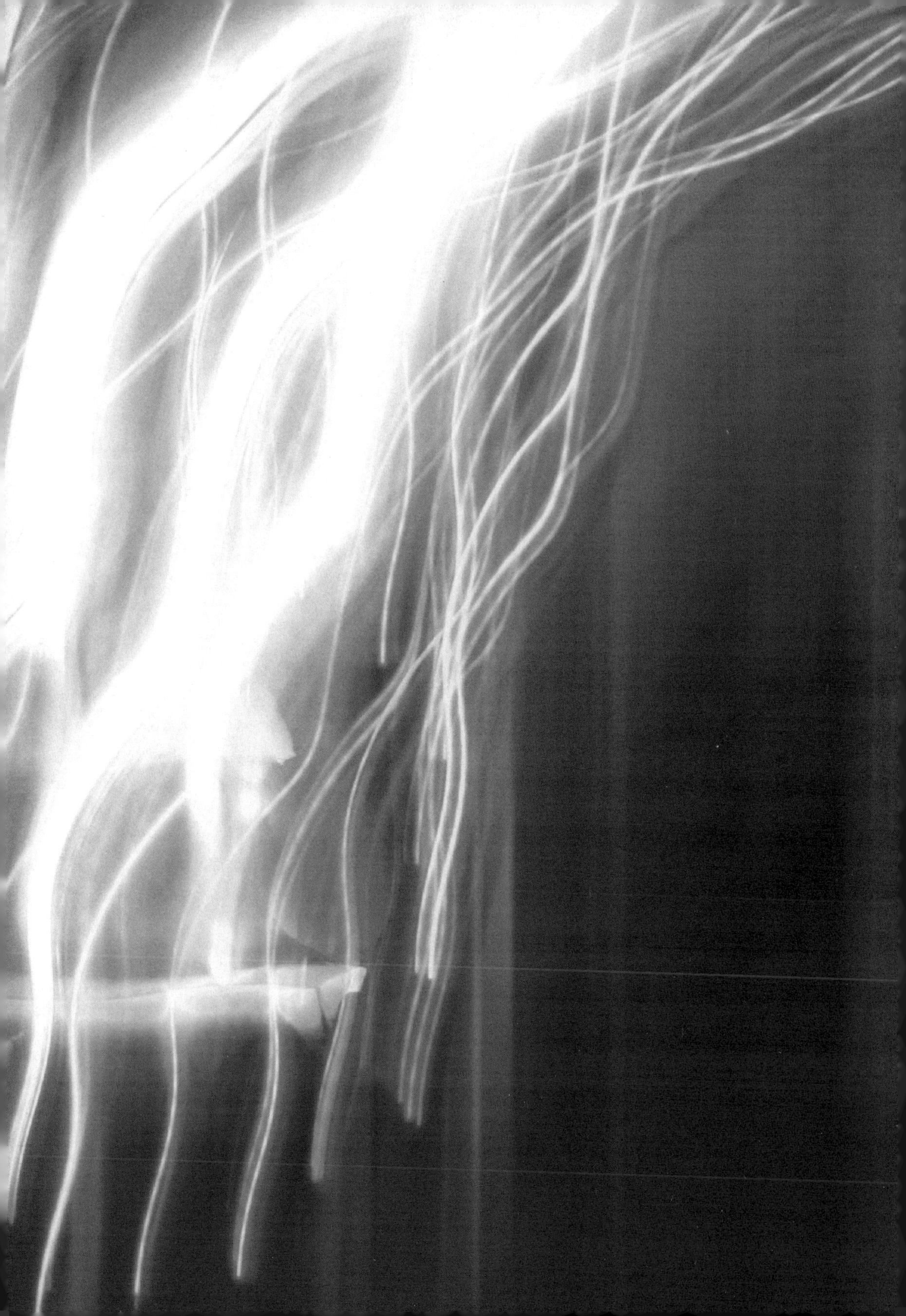

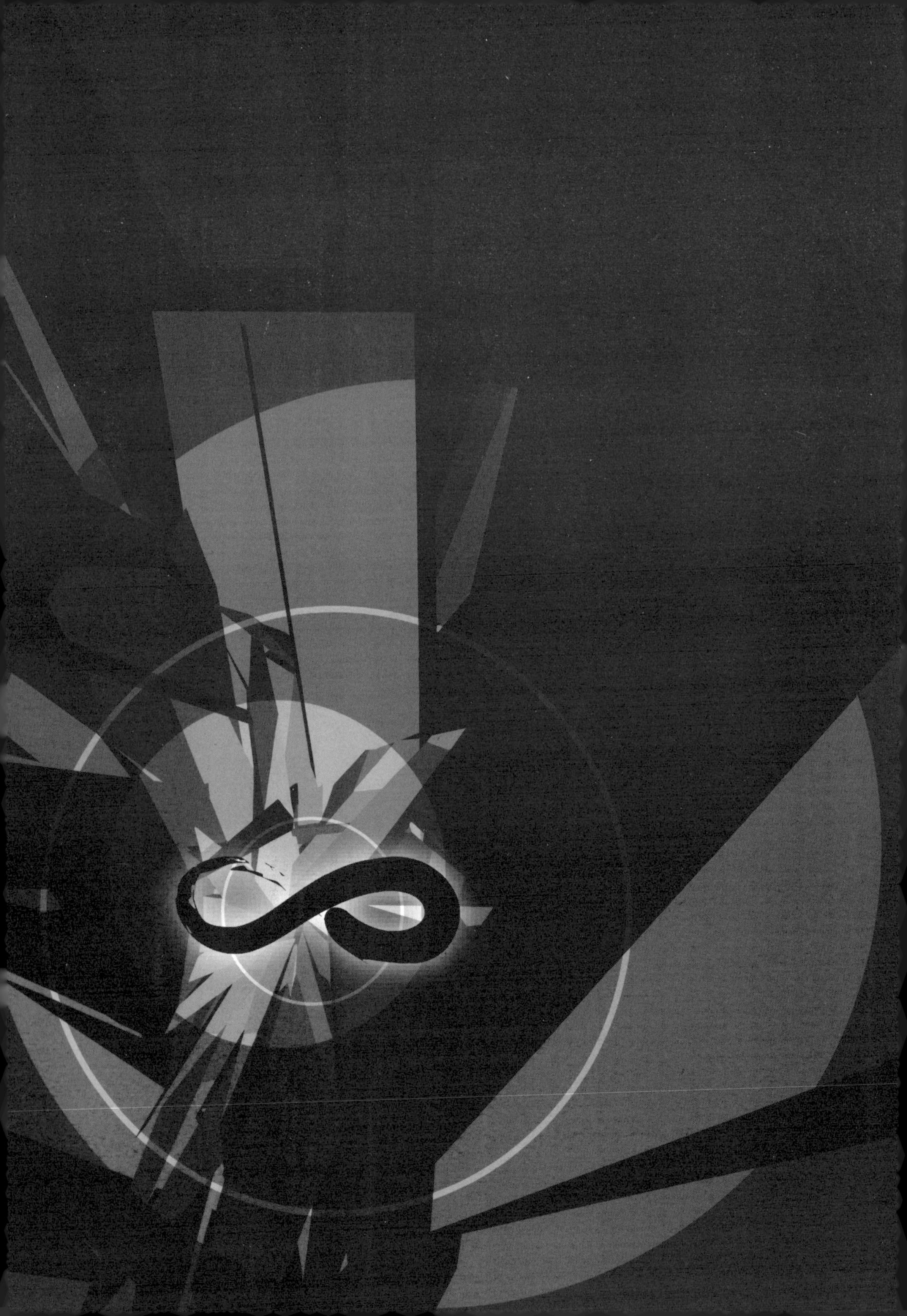

油腔滑调的回答在这里可行不通。这或许是个人乃至全世界所面对的最为严肃的问题。整合之道因其“解释万有”的能力而知名，那么它能对此作出解释吗？当然可以。但我现在就得提醒你，这是个棘手的问题，因为人们所谓的“灵性”起码有五种含义，分属象限、层次、路线、状态和类型。不过，如果你采取 AQAL 视角，由于它可以包容所有处理这一议题的方法，事情就变得可以理解了。若非如此，灵性这个议题会变得毫无意义。采取整合的方式，你真的可以“解释万有”。我们来试试好吗？

彩虹波与闪光流

让我们从左上象限即个体的内在开始，更仔细地观察令人惊叹的多元智能（或发展路线）现象。我们已然认识到每个人都至少拥有12条主要的发展路线，包括需求、价值、认知、道德以及自我。每一种路线都被众多发展论者研究过，表格14的心理图谱展示了其中几位研究者最知名和最受认可的研究成果。

首先，你可能会注意到，如同传统智慧中常见的一样，意识的层次或波段是由彩虹的颜色标志的，这让我们可以用宏观且形象的方式去讨论层次。彩虹代表了**垂直的高度**，即每条路线的发展程度（意识的发展阶段或其复杂性的程度）。通过观察处于同一颜色的层次，我们可以轻易地比较诸多发展路线的不同层次。这就是表格14所展示的（不用在意某些色阶模式中会用到的过渡颜色，如琥珀色或蓝绿色。这个表格的基本用意很简单，就是以彩虹的颜色代表意识光谱）。

表格最左边的是尤为著名的发展路线之一，马斯洛的需求等级，它描述的是……

嗯，或许我们应该就此打住，先处理“等级”一词引起的无数误解。对很多人来说，它是个非常肮脏的词儿，这是情有可原的。但是，等级至少有两种类型，研究者一般称为压迫等级（或统治等级）和成长等级（或实现等级），统治等级就是对民众进行统治、剥削和压迫的系统。最为臭名昭著的就是划分东西方社会的等级系统。任何阻碍个人或集体成长的等级系统都是统治等级。

与之相反，实现等级则意味着成长本身。它终结压迫而不是导致压迫。成长或发展等级在人类社会中通常从自我中心开始，向种族中心、世界中心和宇宙中心逐级展开[①]。在自然界中，成长等级无处不在，最基本的就是从原子到分子到细胞再到有机体的发展过程。成长等级是层叠包容式的等级，每一较高等级都超越且含摄其较低等级。有机体超越且含摄原子，原子超越且含摄夸克，如此等等。在成长等级中，较高等级并非压抑而是

① 宇宙中心意味着以第三阶梯为导向。其词根是美丽的古希腊词 Kosmos，意味着物质、身体、心智与灵性所形成的整体宇宙（而非最低层次的物质宇宙，可悲的是，现在的 cosmos 就是这个意思）。

拥抱较低等级，它们实实在在地包容较低等级。每一等级都在更高等级的序列之中，这代表着关怀、意识、认知、道德等能力的逐级提升。成长是一种含摄式的扩展——从自我中心到种族中心再到世界中心，直至宇宙中心。表格 14 中的所有等级都是成长等级。

简言之，统治等级造成压迫，而成长等级则终结压迫。（你能明白，不分青红皂白地谴责和消灭所有等级系统会是一场灾难了吗？）

让我们回到马斯洛的需求等级系统（表 15）。马斯洛细致入微的研究表明，个体一般会经历**需求**的成长秩序。随着每一个较低的需求得到满足，更高的需求就会产生。生理需求是最简单的，它是基本的生存需要，以及对食物和住所的需求。如果这些基础需求得到满足，个体的自我感觉就会出现，而自我保护和安全感随之而生。如果这些都得到满足，个体就开始寻求比安全感更高的归属感。一旦归属感需求得到满足，个体就会为新出现的自尊需求所驱动。如果所有这些都得到满足，自我的更高需求就会出现，马斯洛将其称为自我实现的需求。如果自我实现的需求也得到满足，自我超越的需求就会成为个体成长的动力，这种需求不只满足自我，同时驱使整体自我进入更高、更深、更广的关怀与意识的波段，其中有些属于超个人的或灵性的范畴。

表格 15：马斯洛的需求等级（层次系统）

最为知名的发展顺序理论也许出自杰伯赛，从低往高顺序为：**远古期、魔幻期、神话期、理性期、多元期、整合期**。杰伯赛理论的伟大之处在于它们做到文义相符。（我将他的最高阶段一分为二，这对我们有所帮助。）正如杰伯赛本人所指出的，他的“整合阶段”是通向更高阶段（超级整合以及超个人）的入口。

对此，我们可以通过考察**认知力**的发展流，或者觉知与感觉能力发展情况来获得更清晰的了解。表格 14 中的认知路线综合了康芒斯与理查德（Michael Commons & Francis Richards）、让·皮亚杰（Jean Piaget）以及室利·奥罗宾多等人的重要研究，结果表明，认知智能从**感觉思维**开始逐级发展，经历**具体思维**、**形式思维**、**高级思维**到**开悟思维**、**直觉思维**、**顶级思维**（overmind）以及**超整**

合思维（supermind）[①]。请注意最高阶段是如何开始呈现出超个人或灵性特质的。

接着我们考察格雷夫斯的研究成果，他将之称为**价值系统**，因其在螺旋动力学模式的应用（由贝克与柯文所创）而被大众所熟悉。在**魔幻的－万物有灵论**阶段，人们的价值观确实是魔幻的且相信万物有灵，各种元素的力量拥有统治世界的魔力。在自我中心阶段，力量来自个体，个体的价值观围绕“我”和“我的力量”。伴随着绝对价值的发展，个体价值观从“我的”延伸到“我们的”，即从自我中心扩展为种族中心，此阶段的人们相信，价值来自永恒的源头，且对所有人都真实不虚（不论是《圣经》还是《可兰经》）；如果你触犯了它，结果可能是永恒的诅咒。这就是通常所说的“神话会员资格”，因为，如果你不相信某一族群的神话，你可就麻烦大了。

---

① 顶级思维与超整合思维都出自于室利·奥罗宾多的《神圣人生论》，徐梵澄先生将前者译为“高上心思”，而将后者译为“超心思”。“超心思的概念是我们知觉性的寻常天穹以外的一浩大庙宇，其中有体之真理，与一切表现他者明亮地为一，并且保证着视见、表呈、排置、语言、行为，与运动之真理，因此也保证运动的结果，行为与表现的结果，无失底教令或法律的真理。”（室利·奥罗宾多:《神圣人生论》，徐梵澄译，北京：商务印书馆，1984年，第127页）而“高上心思是宇宙‘真理’的一原则，一浩大无穷的大公性乃其真正精神；其能力是以大全动能性，亦如其为分别的诸多动能性之原则：它是一种此等的‘超心思’”（同前，第287页）。此处为了行文一致，故将心思改为心灵。——译者注

艺术家眼中的螺旋动力学及其价值发展的主要层次（创作者：本·瑞特和肯·威尔伯）

当认知从神话信仰发展到下一阶段时，个体的价值系统开始从种族中心向世界中心转变，格雷夫斯将这种转变称为绝对主义向多样主义（multiplistic）的过渡，此时的人们相信，认识现实的方式有很多种，而非只有一种固定的正确方式，这导致了**传统价值观**向**现代价值观**的转变。这种差异在下一个相对主义阶段依然存在，这一阶段的人们认为，生活中不仅存在不同的信仰，而且这些信仰都是互相关联的，这就演化成典型的后现代主义的或者多元主义（pluralistic）的世界观。这种世界观是如此的多元主义，以至于常常异化为观念的碎片，最后变成了虚无主义，反讽而无意义。（听起来很熟悉？）只有到了下一阶段即系统阶段，一个真正整合与统一的世界观才开始出现，这也就开始了社会学家所谓的**整合时代**（Integral Age）。格雷夫斯将这一过程称为从第一阶梯（tier）价值（以偏颇为印记）向第二阶梯价值（以整合为印记）的转变。

第一阶梯与**第二阶梯**之间存在着极为重要的差别是由格雷夫斯首次发现的。到底是什么样的差别？在第一阶梯的所有阶段，人们坚信自己的价值是唯一真实且正确的，而他人的都是迷惑不清的。但到了第二阶梯，或者真正整合的层次，人们就会认识到，所有其他的价值和阶段就其自身而言都是正确的，或者是合适的。第二阶梯可以容纳其他价值，并且开始把它们统统一起整合入更广大的关怀与包容中。

从很多方面来说，这与马斯洛所发现的从**缺乏需求**（需求来自所缺少和匮乏的事物）向**存在需求**（自我实现和自我超越）的跳跃是一回事，事实上格雷夫斯也在试图解释马斯洛的这一发现。从第一阶梯向第二阶梯的跳跃就是从碎片和异化状态向整合与统一状态的跳跃，从虚无主义和反讽转向深刻的意义与价值。

这种整合的发展延伸至第三阶梯（“超级整合”或超个人），在珍妮·韦德（Jenny Wade）对格雷夫斯的价值系统所作的扩展中，将其中两项称为超个人的（transpersonal）和统一的（unitive）。

了解这些之后，我们就知道，一个人的价值观从**部族的**发展为**传统的**，其次是**现代的**和**后现代**的，然后是**整合的**与**超级整合的**，在未来的演化之路上还有着更为高级的发展。今天，我们的整体文化发展到了后现代与整合阶段之间，正处于第一阶梯向第二阶梯跳跃的边缘。这一跳跃我们稍后再谈。

罗伯特·基根关于**意识秩序**的研究也许在任何地方都是最广受敬重的成果之一，同样重要的还有洛文杰关于**自我发展阶段**的精密理论和研究。在表格 14 中你可以看到关于这两者的内容。

洛文杰的重要学生和继承者苏珊·库克·格鲁特就自我发展的第三阶梯进行了重要的研究，这在表格 14 中也罗列了出来（顺便提一下，基根、贝克和库克·格鲁特都是整合学院的创始成员）。如果表格上的所有标签对你来说一字不通，不要紧，用你已经掌握的信息就能理解我们的观点。

现在，看着表格 14 中的发展流，你会发现，总体来说，成长的第一阶梯包含从前个人向个人的发展，第二阶梯涉及整合的个人发展（同时也是整合阶段的开始），第三阶梯涉及超个人的发展（超级整合阶段的开始）。

因此，整体而言，进化和发展可以归纳如下：从前个人阶段开始，经个人阶段向超个人阶段转化；从潜意识转变为自我意识，最后变为超意识；从前理性向理性、超理性转变；从前习俗期经习俗期向后习俗期转化；从本能冲动[①]转变为私我，最后发展出灵性。随着第三阶梯或超个人经验的发展，个体的自我开始超越个人的界限，进入宽阔、清明与合一的广大经验领域，所有这些都具有灵性的意味。与概念的、教条式的魔幻和神话层次不同，超个人的层次是直观的体验和觉知。

前/超谬误

让我们稍作停顿，关注如下事实：研究者发现认知、道德以及灵性成长的最高阶段都具有超个人的或者灵性的意味。我们将其命名为“**最高层次的灵性**”，并把它当做“灵性”所具有的重要含义之一（我们也会把灵性的这一层面视为**超理性**的和**超个人**的）。

但是我们也要注意一个非常古怪又奇妙的现象，即超理性以及超个人的某些阶段与前理性或者前个人的某些阶段，在表面上非常相似。这是因为前习俗或后习俗阶段都是非习俗的阶段，未

---

① 弗洛伊德心理学所说的人类精神无意识部分之一，是本能活动力之源泉。——校者注

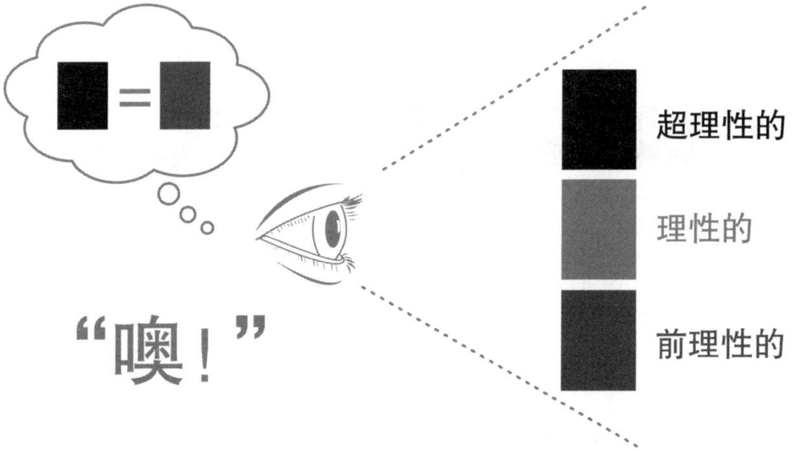

经训练的眼睛很容易将两者混淆或等同起来。前理性阶段之所以会与超理性阶段混淆，是因为两者都是非理性的；前自我阶段之所以会与超自我阶段混淆，是因为两者都是非自我的；超语言阶段与前语言阶段之所以会混淆，是因为两者都是非语言的，如此等等。

这种混淆就产生了前／超谬误（或者前／后谬误）。这种现象一旦发生，人们通常会犯两种重大错误中的一种。他们要么把所有的超理性现实都降格为前理性的、幼稚的胡扯（想想弗洛伊德），要么把前理性的幼稚图像和神话都提升为超理性的赞颂（想想荣格）。降格行为与提升行为都从一开始就破坏了对灵性的讨论，因此，整合之道的首要贡献之一就是帮助人们走出这个噩梦。

前理性的神话上帝和超理性的合一大精神

基于一系列重要的科学与实验研究，我们至少应该认识到，发展阶段既有前理性的、儿童期的、前习俗的，以及自恋幻想的阶段，也有后习俗的、超理性的、自我觉知的、后自主的以及超个人觉知的发展阶段。在前面的阶段（比如魔幻的－万物有灵论、神话团体成员），终极真实表现为在天空行走的须发皆白的绅士，或者是童贞女诞下的水上行走者，要么是一出生就九百岁的老圣人，如此等等。所有这些前理性的神话都曾经被当做严肃的真相。在后面的阶段或者后习俗阶段，终极真实表现为非二元的存在，一种无时间性的存在状态，或者是合一意识的后理性（并非前理性或反理性）状态。两者之间的差别的确就如夜晚与白天的差别那样，理性的黎明将二者分别开来。

如果我们把关于人类发展的所有科学研究都汇总起来，结果会显示，人类心理发展确实至少包含三个宽大的同心弧：前个人、个人、超个人；前理性、理性、超理性；或者，潜意识、自我意识、超意识。这些同心弧里的每一阶段都不断**超越和涵括**前面的阶段。随着新阶段的**展开**，前面的阶段也被**纳入**其中——展开就

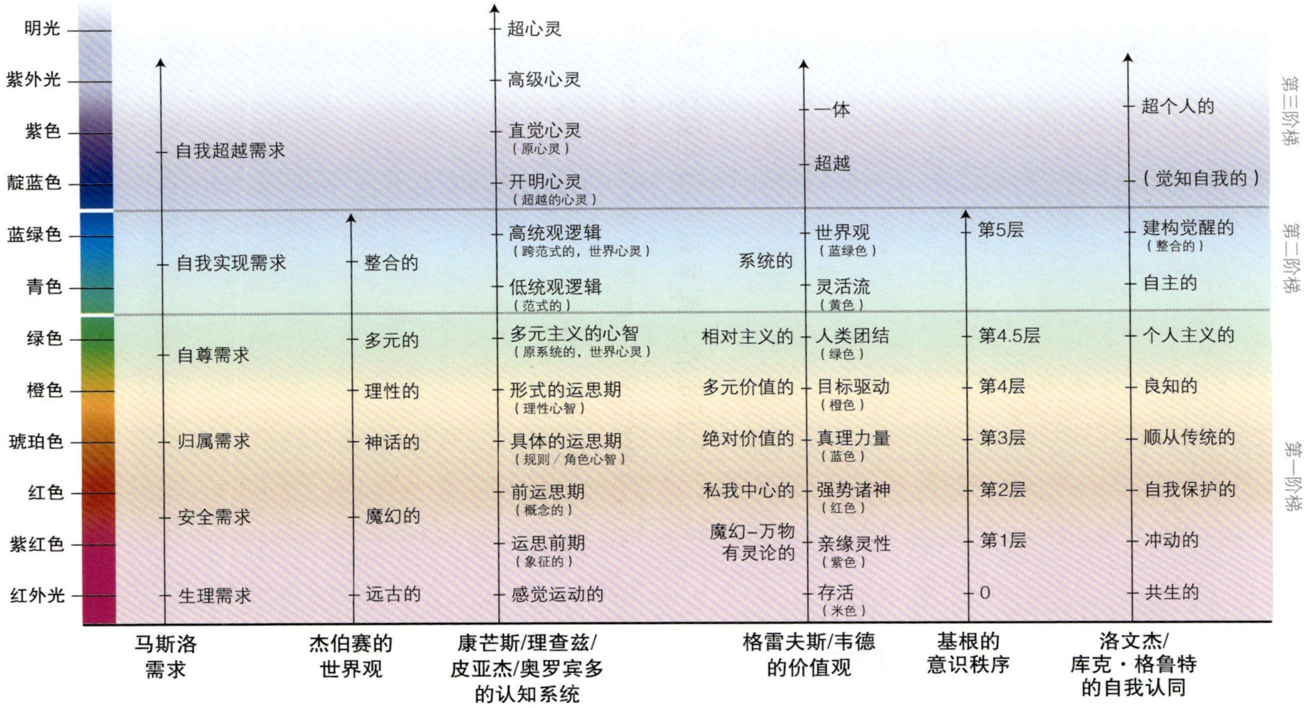
明光
紫外光
紫色
靛蓝色
蓝绿色
青色
绿色
橙色
琥珀色
红色
紫红色
红外光
自我超越需求
自我实现需求
自尊需求
归属需求
安全需求
生理需求
马斯洛需求
整合的
多元的
理性的
神话的
魔幻的
远古的
杰伯赛的世界观
超心灵
高级心灵
直觉心灵
（原心灵）
开明心灵
（超越的心灵）
高统观逻辑
（跨范式的，世界心灵）
低统观逻辑
（范式的）
多元主义的心智
（原系统的，世界心灵）
形式的运思期
（理性心智）
具体的运思期
（规则／角色心智）
前运思期
（概念的）
运思前期
（象征的）
感觉运动的
康芒斯/理查兹/皮亚杰/奥罗宾多的认知系统
系统的
相对主义的
多元价值的
绝对价值的
私我中心的
魔幻-万物有灵论的
一体
超越
世界观
（蓝绿色）
灵活流
（黄色）
人类团结
（绿色）
目标驱动
（橙色）
真理力量
（蓝色）
强势诸神
（红色）
亲缘灵性
（紫色）
存活
（米色）
格雷夫斯/韦德的价值观
第5层
第4.5层
第4层
第3层
第2层
第1层
0
基根的意识秩序
超个人的
（觉知自我的）
建构觉醒的
（整合的）
自主的
个人主义的
良知的
顺从传统的
自我保护的
冲动的
共生的
洛文杰/库克·格鲁特的自我认同
第三阶梯
第二阶梯
第一阶梯

表格 14：主要发展路线

是含摄——因此，它的累积效果就是整合，一如从原子到分子再到细胞，直至有机体的演变过程。在这奇特的展开与纳入、发展与含摄、超越与包含、否定与保留的过程中，没有遗落任何东西，一切都被保存下来，这就是意识的进化。

到目前为止，我们并非在探讨是否存在“真实”的大精神，或者，“在（being）[①]”的真实基础。我们探讨的是，是否存在这三个伟大的人类发展同心弧（以不同的分割方式来看，是三个伟大的阶梯）。答案是，所有仔细研究了人类发展全过程的实验都证明，**是的**，存在这三个阶梯。那些否定超意识或者超个人觉知阶段的人不过是在否定科学的证明。老实说，我们没有义务把他们的观点纳入考量，正如我们不必考虑那些拒绝接受伽利略观点的教会人士的看法，因为他们很清楚，通过伽利略的望远镜会看到什么。

那么，如果我们去思考所有问题中最迷人的一个，并发问：是否存在真实的“在”之基础、真正的宇宙大精神、一切现象背后的神性？除了去请教那些处于最高阶段（超个人阶段）的人，我

---

① 在英语中，being 与 existence 都可以翻译为存在，但在西方哲学中，前者意指作为万物基础的“在”，如笛卡尔的我思故我在（I think，therefore I am），这里的在是作为状态的在，是万物基础的在；而后者一般是去生活，去存在的意思——如存在主义哲学中的存在，具有动态的意思。于是我们将being译为“在”，而将 existence 译为“存在”。——译者注

们还能去找谁？如果我们真的去请教他们，他们会说些什么？

重复一次，这三大同心弧都有其各自的终极真实。在第一大同心弧中，我们看到的终极真实在本质上是**魔幻的**和**神秘的**。这里坦白说，全世界80%的宗教信仰都属于此一模式，如神道教、基督教、伊斯兰教、犹太教、印度教、佛教以及道教，也包括大多数新世纪魔法（New Age Magic）。

人类发展已经进入了一个非宗教甚至反宗教的时期，也就是我们所说的第二大发展同心弧所包含的所有阶段，即个人与理性这一阶梯。在此，理性科学的能力尤显突出，对人类而言，它带来的恩赐是极大地减轻了痛苦和延长了寿命。瘟疫、饥饿、疾病以及婴儿早夭，这些都因理性科学而大幅减少，其效果比前理性期的所有神话信仰加起来都要显著。科学可能被误用不是问题所在，其积极的成果是有目共睹，不容忽视的。

当身边一切看似与宗教或灵性相关的事物都已成为过去，成为古代历史的遗迹，我们来到了第三大同心弧。建立在自身的成就之上，理性被更大的关怀与意识发展所超越和包含。这里，终极真实不再以第一同心弧所特有的拟人方式体现，也不再用第二同心弧的理性方式展示，而是以空、在、意识以及真如（suchness）等方式展现。我们可以用下面的词汇来进行描述：万有存在的基础、大宇宙意识、非二元的真如或者存在性（is-ness），巨大的、开放的、虚空般的清明意识，明镜般的目睹意识，三位一体之前的神性，一个纯洁的、无限的、超越的无私自我，一个无限的、广大的、辉煌的、不可界定、不可阻隔的真如意识，它是在时间之外、永无止境的、永恒的当下，是每一时刻的如是、真如或存在性，超越任何概念，就像正在阅读此书的你，或知更鸟的歌声，或者夏天喝第一口冰茶那样纯粹和清晰。

这既非你父母的宗教，也非你祖父母的宗教。然而，大多数到达第三同心弧 / 阶梯的个体都说，现实不过是永恒或无限的万有之基础的某一版本。但这一超个人的现实处于第一阶梯和第二

阶梯的人类发展光谱的对面，它们之间的差别就像是白天与黑夜，我们必须停止将它们混为一谈。

举一个最为明显的例子，媒体就完全混淆了前理性与超理性。他们草率地将任何超个人的非二元的灵性与前个人的糟粕一起扔进了垃圾桶。其实媒体唯一了解的灵性都是前理性的。

更糟糕的是，媒体似乎只知道两种宗教形式：原教旨主义狂热和新世纪狂热。这两者都是前理性的，前者相信琥珀色区域的教条和神话，后者相信紫红色区域的魔术。任何超理性的取向，如超个人心理学，都被新世纪的疯狂所裹挟。哎呀，新世纪信仰者也不会去认真思考。媒体仅知道的两个具有“灵性”的人就是小布什和本·拉登，他们也不知道到底谁更危险。

事实是，保守主义分子倾向于支持第一同心弧，而自由主义者倾向于第二同心弧，双方丝毫不知道第三同心弧的存在。于是第三同心弧要么彻底被否认，要么如我们所说，陷入了前/超谬误，并且与第一同心弧完全混淆。

但它们之间的差别确实如白天和黑夜一样。因此有必要重复，这两种完全不同的“非理性灵性”（前理性与超理性）至少应该得到媒体的认识，或者至少得到文化人的了解。

看来“有灵性，不宗教”确实适用于第三同心弧。即便那些有过超理性体验的人并不能总是停留在这种更高的、超个人的波段中，他们很多人还是凭直觉侦查到了这种更高真实的存在。他们不想要自我中心的魔术，也不想要深陷教条、概念的种族中心的神话宗教。他们想要的是超越语言与概念的直接经验，一种超心理的、超理性的、后习俗的灵性，有着直接的觉知和光辉灿烂的意识。这些确实是灵性的，而非宗教的。他们宣称自己直接觉知到了不二的、虚空的、开放的、宽广的、无限的以及不可定义的如是，或者你喜欢的任何一个名字。

再谈前 / 超谬误

当我们谈到“上帝”、“灵性”或“绝对实相”的时候，最大的麻烦就是整件事情都陷入了巨大的前 / 超谬误。前理性或超理性的灵性体验在未经训练的眼睛看来非常相似甚或完全相同，这只是因为两者都是非理性的，因此任何犯了前 / 超谬误的人必定将两者混淆，尽管两者有着天壤之别。当黑夜和白天混淆时，超理性阶段的非二元意识（据说这些阶段不管在何处出现，都会释放出终极的自由和圆满，把人们从疏离、分裂和痛苦中解放出来）会与前理性阶段的神话上帝彻底混淆起来。我们有理由说，这些前理性阶段所造成的人为痛苦，比历史上任何其他因素为人类带来的苦难都要多。我们获得解放的方式居然与我们遭受痛苦的原因混同起来，于是，当我们看起来是在逃脱痛苦的起因时，实际上错失了救赎的机会。

这真的非常糟糕。而且这种混淆无处不在，不只是在媒体上，同时也存在于宗教自身以及更广泛的文化中。但在IOS中，这种混淆就在原地终止了。只需观察AQAL的“层次”，这些至关重要的差别就会一目了然，然后，我们还可以对其进行利用。

同时，我们要老实面对以下数据。研究结果不断表明，大约70% **的世界人口都处于发展的种族中心层次（或者更低）**。也就是说，处于或者低于琥珀色的、神话的顺从阶段①。换句话说，全世界将近70%的人口在他们的灵性取向上是原教旨主义者（或者更低）。大约30%的人口属于第二阶梯（从橙色到蓝绿色）。只有不到1%的人处于超个人阶段。尽管如此，这些超个人的阶段确实存在，它们就在那里，可以被任何人体会到，只要他们坚持实践自我转化，比如进行整合式生活练习（想要了解更多关于ILP的内容，请参见第六章）。

这就是“灵性”的第一种含义：所有路线中的最高层次（或第三阶梯）。

---

① 关于琥珀色的范围，见表格14。

现在让我们考察这些路线吧。

各种灵性智能路线

只有不到1%的人稳居第三同心弧或阶梯[①]？是的。不管你怎么划分，人类历史发展到现在，并没有太多人演化至超个人的阶段或意识波段中。

这是否意味着，只有不到1%的人才是真正拥有灵性的呢？或者从另一个角度来说，这是否意味着你只有处在靛蓝色或更高的区域中，才能拥有真正的灵性觉知？当然不是，似乎有些地方搞错了。

确实，错误就在于我们尚未用AQAL对灵性进行全面扫描。我们还没有从所有的象限、层次、路线、状态以及类型来考察灵性。现在我们来考察“路线”。是否存在发展的**灵性路线**？是否存在**灵性智能**？

---

① 第三同心弧或第三阶梯本质说来指的是相同的阶段，即超个人阶段。第二阶梯或第二同心弧则稍有不同：第二阶梯意指那些首先整合的阶段（也就是青色和蓝绿色），而第二同心弧则更为广泛，意指个人的阶段（大概从橙色到蓝绿色）。这些只是将相同的发展阶段进行不同的划分罢了。

答案当然是肯定的。在一个具有突破意义的系列研究中，福勒（James Fowler）描摹出灵性波流或者灵性路线的一些基本阶段。让我们来仔细审视这一路线。当我们这么做的时候，你或许会不断地问自己：在这一重要的波流里，我处于哪一阶段或波段？

表格 16 是福勒所描摹的灵性智能的各个阶段，注意，它们无一例外都是通用的阶段名称的（远古的、魔幻的、神话的、理性的、多元的、整合的、超整合的）变体而已。那些通用的名字是意识

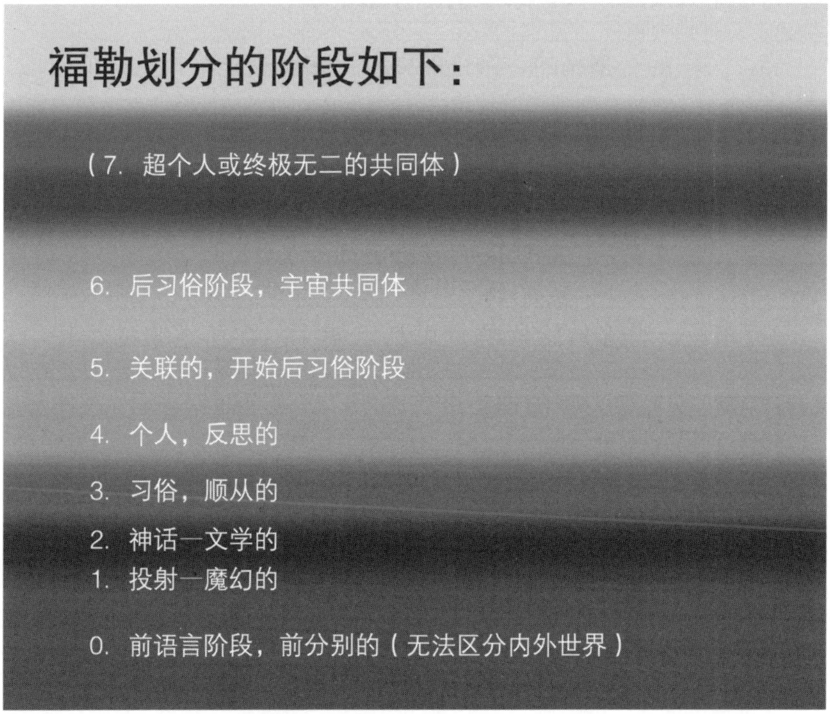

表格 16：福勒的灵性智能发展阶段

彩虹或意识高度中更常见的称呼，它们天然地与福勒的灵性阶段名称相类似。

福勒划分的阶段如下：

0．前语言阶段，前分别的（无法区分内外世界）

1．投射－魔幻阶段，第一人称主导

2．神话－文学阶段，具体的神话与故事

3．习俗与顺从阶段，第二人称主导

4．个人反思阶段，第三人称开始主导

5．关联的、多元的、辩证的以及对多元文化敏锐感知的阶段

6．后习俗阶段，宇宙共同体

（7．超个人或终极无二的共同体）

我相信，大多数阶段的意思都已明了，在接下来的过程中，若有必要，我们会对新的词汇进行说明。从现有证据来看，很明显，你不必达到路线的最高阶段才能拥有一些灵性。这不仅因为存在其他的意识转换状态或本真灵性的高峰体验（这点我们稍后谈及），还因为灵性的发展不只发生在意识的最高阶段，事实上，它是通过意识演化的每一个层次来开展的。换言之，除了存在最高层次的灵性（和下文提到的意识转换状态之下的灵性），灵性作为**多元**

智能之一，本身也具有发展的路线。

就像大多数的多元智能一样，灵性智能的发展路线在生命的最初几年就开始了。但即使你是一个成年人，你仍有可能处在灵性智能的第一阶段，不过你绝对不会缺少灵性智能或灵性觉知的某些形式。

那么灵性智能到底对应的是灵性的哪一面向或维度呢？如何定义这一灵性面向？

不同的研究者基于各自的研究类型和所得结果对灵性智能作出了不同的定义，不过最为简明的也许就是我们下面要说的内容。保罗·蒂利希[①]说，“灵性”指的是个体的**终极关怀**。在一岁时，你的终极关怀可能是从什么地方获取食物，但是你总会有那么一

---

① 保罗·蒂利希（Paul Tillich，1886~1965），又译作“保罗·田立克”，1886年生于德意志帝国勃兰登堡，1933年纳粹党上台后，因政治因素逼迫前往美国，1940年入美国籍。一生中先后获得十五个博士学位，被誉为“本世纪最杰出的神学家，宗教哲学家”，以其“终极关怀”“存在主义”及“圣灵基督论”而闻名。田立克认为，存在主义是一种对于生存处境的真实描述。真正要紧的并不是一再强调人类存在时与生俱来的那份焦虑或是虚无感，而是人类是否能够对此困境有所回应，一切道德观念、禁欲主义、犬儒主义、自然法则……这些都是人类面对虚无的人生处境时所选择的回应态度，这些内省的态度证明了人类具有某种高于动物性的特殊品格，这种品格被称为“存在的勇气”。他又称那些人类对于道德、伦理、品德的追求为一种“关怀”，而宗教是一切关怀中的极致，因为它最抽象，需要用最大的勇气去跨越理智的界限，故名之为“终极关怀”。——编者注

些对觉知和意义的追求与体验。人类的器官似乎已经从它所遗传的各种多元智能之中演化出处理终极关怀的能力。

当谈到灵性的终极关怀面向，每个人都有自己的宗教。如果你处于灵性路线的橙色层次，即自我反思阶段，你便可能对终极关怀有着非常形式化的、理性的认识，就像我们说，“逻辑是斯波克（Spock）[①]的宗教。”无论如何，你就是不可能没有灵性。而你的灵性可能是以下任何一种：

- 远古的灵性（食物或者性的拜物教）
- 魔幻的灵性（巫毒，萨泰里阿教[②]）
- 神话的灵性（原教旨主义，神秘团体的上帝/女神）
- 理性的灵性（科学的唯物主义，以理性为中心主义）
- 多元的灵性（后现代主义、多元论）
- 系统的灵性（深刻的生态思想，热爱大地）
- 整合的或者超整合的灵性（AQAL）

---

① 斯波克是《星际旅行》中的人物，处事方式非常理性。——译者注

② 萨泰里阿数（Santeria），即“圣者之道”，来自加勒比海，主要结合了南奈及利亚、塞内加尔和几内亚海湾等地的优鲁巴人和班图人的信仰，这些信仰包括众神崇拜和女神崇拜，以及罗马天主教的信仰，包括了至上神和圣者的观念。——编者注

如此等等。记住，多元智能的所有路线对不同的人和不同的文化来说，任何层次的内容都会有着巨大的差别。

“层次”并不能决定终极关怀的具体内容，但能决定终极关怀所体现的发展程度、复杂性以及意识的层次。

于是问题就变成了：**你相信的上帝到底在哪一层次？**食物是你的终极关怀吗，你的终极真实是有形的食物、情感食物、精神食物还是超个人的食物？你的实相有多高？你的上帝有多高？

一句话，你崇拜什么？你肯定崇拜些什么……

状态与阶段

现在，或许我们已经开始明白 AQAL 模式（或 IOS）对于理解灵性是多么有用。注意，我们迄今已探讨过最高层次的灵性和灵性的发展路线，而它们在某些时候看起来几乎相反。例如，最高层次的灵性宣称，儿童没有任何本真的灵性，而灵性的发展路线则持相反意见（令人难以相信的是，学术食物大战就是从这些毫无成果的辩论中产生）。

让我们换一种方式来看待上面的讨论：我们已经认识到，所有人都拥有灵性智能，但只有不到 1% 的人达到灵性的最高层次。如果你把“灵性”理解为“任何路线的最高层次”，那么只有灵性路线的最高层次才能算作是灵性的。

明白了吗？“灵性”一词用在不同的地方，意思完全不同。如果我们不用 AQAL 模式（或者其他的类似模式）将其标明，我们就会彻底陷入矛盾之中并迷失方向，至少会困惑不清。

困惑不过是个开头。灵性还存在其他面向，人们也会以其他方式来使用“灵性”一词，而非指层次和路线。一方面，某些意识状态看起来会具有**灵性，如高峰体验，意识转换状态，宗教体验**以及**冥想状态**。这些确实是人们对灵性最常见的认识，而在宗教和灵性现象中，肯定也有一些是我们不希望遗漏的东西。

我们已经知道所有人都具有灵性智能，但只有不到 1% 的人处于这一路线的最高层次。那么灵性状态呢？它们多长时间会出现一次？或者说，上次你达到那种状态是什么时候？

研究一致表明，你可以处于成长的任何层次或阶段，并且拥有深刻的、本真的宗教体验、高峰体验或意识转换的状态。我们在第二章是这么说的：“这些高峰体验之所以可能，是因为诸多主要的意识状态（如清醒 – 粗糙的、梦境 – 精微的、无形 – 因果的）是有可能恒时存在的。”与这些日常的意识状态一样，某些宗教体验或灵性状态也是恒时存在的，或者至少是永久有效（ever-available），随时可经验的。

在清醒状态下有哪些典型的灵性状态或高峰体验？一个相当典型的例子是，当你漫步在大自然中，你产生了与自然万物合为一体的高峰体验。我们将其称为**自然神秘主义**（nature mysticism）。那么，在梦境状态中，灵性状态和灵性体验的类型是什么样子？你可能会梦到一片巨大的、发光的、热烈的爱之云彩，你甚至感到自己与那种无限的爱融为一体。我们将其称为**神性神秘主义**（deity mysticism）。说到深度的无梦－无形状态，是否也可能存在某种灵性体验？应该是的，因为某些灵性或宗教体验被描述为空寂的、无形的、非现象的。它们有着各种各样的称呼，如大虚空、宇宙深渊、万物的原基础（Urgrund）、Ayin[①] 等等，我们将其称为**无形的神秘主义**（我们也将其称为因果的神秘主义，依据因果的或无形的本义来命名）。最后，还有一种普遍的经验叫做状态的流动，此时无论个人处于何种状态，都会感觉到与状态中出现的所有事物融为一体，我们将其称为**不二神秘主义**（nondual mysticism）。

综上所述，不管你处于发展的哪个阶段，任何一种灵性状态你都可能体验到，因为在任何阶段，你要么是清醒的，要么在做梦，或者在沉睡。比如，你可以处于任何发展路线的橙色高度，并且体会到外在的、精微的、因果的或者不二的高峰体验。

---

① 希伯来语第十六个字母，意思是眼。——校者注

NATURE
MYSTICISM

DEITY
MYSTICISM

NATURESS
MYSTICISM

关于状态与阶段之间的关系，研究者们在过去30年里了解到的其中一点特别重要：你会根据你所处的意识阶段去理解任何意识的灵性（冥想或者转换的）状态。也就是根据你的发展高度来解释所经历的状态（事实上，我们会根据AQAL系统去解释自己的体验，但是层次或阶段在整个解释中是尤为重要的部分，也是我们在此强调的部分）。

举个例子，把一个7层次意识阶段图（远古的、魔幻的、神话的、理性的、多元的、整合的、超整合的）和四大意识状态的类型（外在的、精微的、因果的、不二的）结合一起，我们28种（4×7）灵性或宗教体验，每一种体验我们都找到了存在的证据。

这一状态/阶段结合的网格状系统叫做**威尔伯－库姆斯点阵**（Wilber-Combs Lattice），是以其两位创始人来命名的（我花了几个月的时间向库姆斯解释，叫“威尔伯－库姆斯点阵”听起来会很傻）。表格17就是威－库点阵的其中一种应用例子。

让我举个简单的例子，来说明如何应用这一点阵。好比说，有人经历了高峰体验，看到一片明亮又雪白的云彩，有时看起来像是人，有时看起来又像是发光体，然后就感觉自己融入那片光芒之中，体会到了无限的爱和无穷的福乐。假设那个人是个新教徒，他的左下象限会让他倾向于使用基督教的词汇去解释和包装这个经验，那么这个人会看见什么呢？

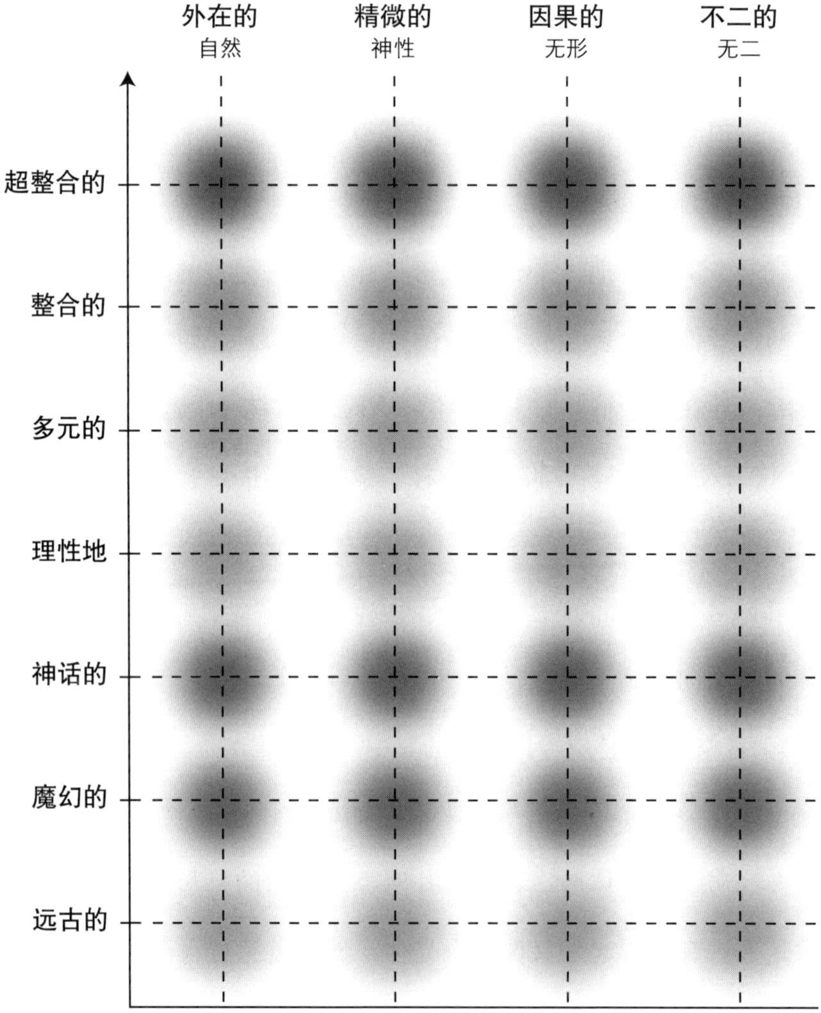

表格 17：威尔伯 – 库姆斯点阵

如果他的意识发展处于**红色**高度，他看见的可能是会魔法的耶稣，他可以在水上行走、起死回生、把水变成酒，还可以让面包和鱼无限增多，如此等等。如果在**琥珀色**高度，他也许会把耶稣看做永恒的律法制定者，为人类带来完全的救赎，只要这个人相信神话和信条，并且遵从赐予子民的法规、戒律以及契约，而这些都出自那唯一的真实之书——《圣经》。在**橙色**高度，这个人或许会把耶稣看做博爱的人道主义者，同时具有神性、教导世界中心的爱和道德，不仅可以实现彼岸的救赎，也可以在一定程度上把救赎带到人间。到了**绿色**高度，这个人看到的耶稣不过是众多同样真实的灵性导师中的一个，因此，信仰耶稣固然可以为自己带来完全的救赎，但其他人和其他文化也会有更适合他们的灵性道路，他还知道，所有真正的灵性道路都能带来相同的救赎或解放，只要人们正心诚意，并且足够深入。如果这个人处于**蓝绿色**高度，他也许会把耶稣看做你和我乃至每个人都拥有的同一个基督意识的显化，于是耶稣象征着一种转化了的意识，这种意识表明，每个人都是同一个广大系统的组成部分，所有人都包含在这个系统活跃的、流动的、互相渗透的演化进程里。在**紫色**或**紫外线**高度，基督意识象征着超越的、无限的、无私的自我，一种既存在于耶稣也存在于你我的神性意识，一种彻底无所不容的光、爱和生命的意识，当自相矛盾的、无爱的自我死亡时，它从时间

之流中升起，揭示那超越死亡、超越痛苦、超越时空、超越恐惧与泪水的命运，在能诞生一切实相的无限中，在此地、此时被寻到。

换句话说，在一定程度上，个体会根据自己所处的阶段来解释这种意识转换的状态。既存在一个懂得魔法的耶稣，也存在神话的耶稣、理性的耶稣、多元主义的耶稣、整合的以及超整合的耶稣，等等。其实任何经验都是如此，但在灵性和宗教体验中，这点尤为重要。一个人可能处于发展的低水平阶段，如红色或琥珀色高度，但依然能拥有完全本真的，或精微或因果的状态经验。

死灰复燃的原教旨主义和福音派就是很常见的例子。这些人认为自己体验到了耶稣（或者安拉、玛利亚、梵天），无论你说什么，都不会让他们打消这种想法。这也不是没有道理，他们确实对精微状态下的实相拥有了本真的、鲜活的、真实的直接体验。但他们却是通过自我中心或种族中心的阶段来对那一状态进行解释：是耶稣，而且只有耶稣，指出唯一真实的道路。更糟的是，他们在那一状态下对爱的真实体验会强化他们的种族中心主义。他们相信只有那些将耶稣视为唯一救世主的人才能得到拯救，其他所有人则会遭到博爱又宽恕的上帝的永恒诅咒，被地狱之火烧灼。有什么可以解释这种强烈的矛盾吗？有的，如果你使用威尔伯－库姆斯点阵的话。

这些意识状态的存在让我们明白，为什么人们即使处于较低的发展阶段，也会拥有在某些方面看来非常灵性、非常本真的体验。这也是这些现象如此普遍的原因。虽然处于最高阶段（第三阶梯）的人口比例还不到1%，但众多调查却显示拥有某种灵性或宗教体验的人超过了75%。如果我们使用IOS，这些看起来完全冲突的数据就解释得通了：1%的人拥有的是较高阶段的灵性体验，75%的人拥有的是意识转换状态下的灵性体验。

当然，对于个体来说，最为理想的情况就是既处于发展的较高阶段，又拥有多种意义深远的状态经验，如冥想或沉思状态。不幸的是，现在有些灵性修行者只专注于冥想状态，对发展阶段无知无觉或加以轻视。将两者结合起来是整合式生活练习的重要目标之一，我们在下一章会详细探讨。

象限：终极真实在哪里？

我们已经了解，人们所谓的“灵性”既指在任何发展路线的最高层次或阶段中发生的现象，也可能指灵性发展路线自身，还可以指发生在层次、路线、状态等不同面向的各种意识转换状态。那么，类型和象限又是什么情况呢？

在我看来，既然我们已经了解了基本概念，这一部分我们很快就能说清楚。“类型”是灵性的一个重要定义和面向，许多人将“灵性的”等同于某些品质类型，如爱心、善良、宁静、智慧，等等。

话虽如此，如果你仔细考察这些品质的话，显然它们也是在发展的。我们认同吉利根所说的，关怀或慈悲的品质会经历从自私自利到普世关怀再到整合的发展过程。因此，尽管类型是必不可少的，但它通常会非常迅速地转向之前与层次和/或路线有关的概念。例如，我们也许会说，灵性包括爱，而变得有灵性就是能够去爱。但，爱也是从自我中心衍生出来的，经过种族中心、世界中心，最后发展为宇宙中心的爱，只有较高阶段的爱才是真正具有灵性的，自恋或自我中心的爱一般不被看做很有灵性。因此，那些说“我们唯一需要的就是爱”的人还没有真正弄清楚自己的位置。

当各派理论家尝试解释他们眼中组成世界的“实在的真实”时，象限就派上了用场（表格18）。你的观念中，终极真实在哪里？问的不仅是你的上帝在哪个层次，还有你的上帝在哪个象限。

物质是原初的实相吗？抑或灵性和意识才是原初的真实组成？也许你认为宗教等所有“上层建筑”都可以缩减至经济现实的基础？还是说，所有的知识都只是社会结构的产物？

如果你认为物质是终极实相（右上象限是唯一的真实），那么任何灵性体验或信仰都不过是幻象，某种大脑状态下产生的表象以及生理火花。上帝只是成年人想象出来的朋友，所有那一类的

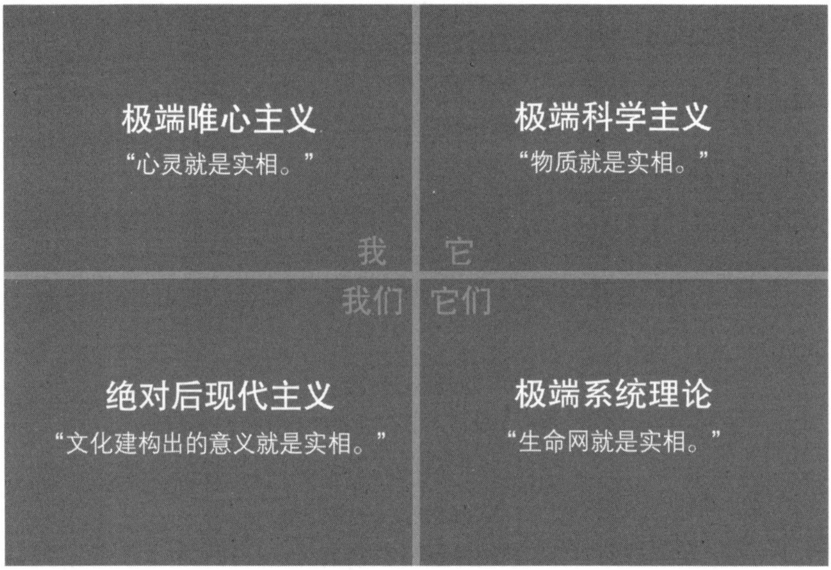

表格18：象限绝对主义

灵性信仰都只是物质大脑内的光影幻象罢了。

如果你认为灵性和意识（左上象限）是终极实相，那么你的信仰就正好相反：整个由物质所构成的世界是堕落的幻觉王国，那些相信物质世界的人则在无知、罪、幻境（maya）和轮回（samsara）之中迷失。

如果你认为系统论（右下象限）对现实的看法是终极的真实，那么所有宗教的和灵性的信仰就是由社会系统的“真实”现实、技术–经济基础、动态进程交叉网络所决定的，并通过它们的结构–功能显化出来，所有这些都是且仅仅是第三人称“它”的。

如果你认为左下象限是唯一真实的，那么知识的所有面向，

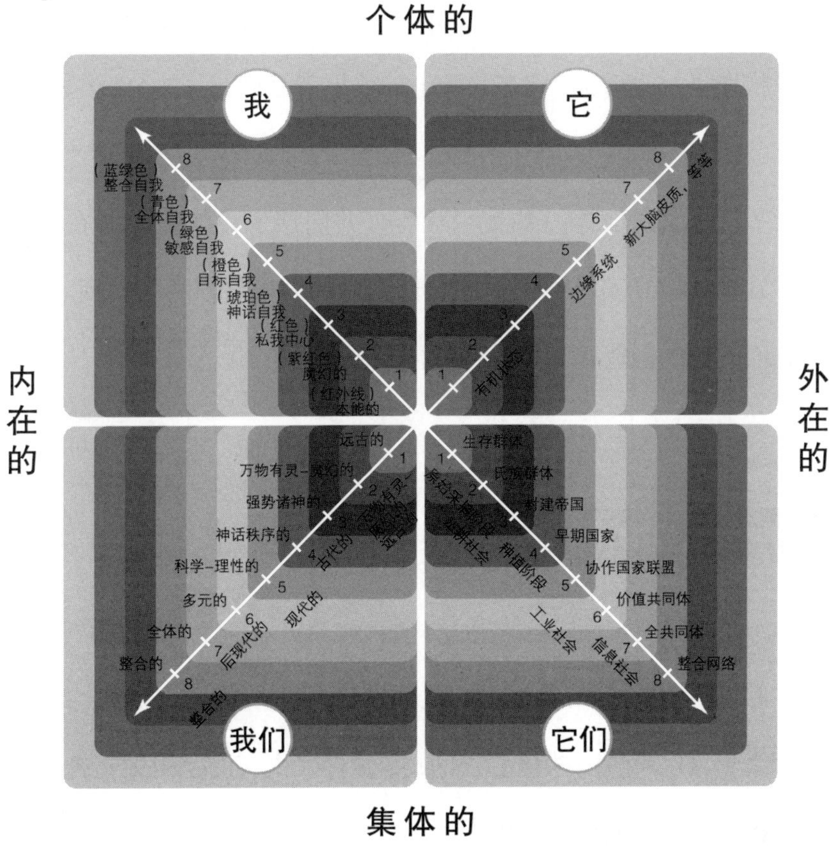
个体的
集体的
内在的
外在的
我
它
我们
它们
（蓝绿色）
整合自我
（青色）
全体自我
（绿色）
敏感自我
（橙色）
目标自我
（琥珀色）
神话自我
（红色）
私我中心
（紫红色）
（红外线）
本能的
边缘系统
新大脑皮质，等等
远古的
强势诸神的
神话秩序的
科学-理性的
多元的
全体的
整合的
古代的
现代的
后现代的
整合的
生存群体
封建帝国
早期国家
协作国家联盟
价值共同体
全共同体
整合网络
种植阶段
工业社会
信息社会
1
2
3
4
5
6
7
8

表格 19：AQAL

包括我们对系统自身的认识，当然还有上帝和灵性，就都只是社会的建构物。最终的真实既不是“我”，也不是“它”或者“它的”，而是万能的“我们”创造了一切实相。

难道这种**象限绝对主义**（quadrant absolutism）没有让你觉得头晕脑涨吗？我承认，它在我身上的效果就是如此。在AQAL来看，所有象限都是同等的原初实相，没有一个比别的更真实或者更原初；它们就像四面体，共生、互容，共同演变。如果说能在什么地方发现终极真实，那也是在它们同时的诞生与耀眼的展现之中，在它们的彼此创造和互相维持之内发现。

灵性是真实的吗？

看了所有这些关于意识的更高状态和阶段的研究成果，我们是否终于可以带着一些信心去问：是否存在真实的宇宙大精神、实在的神性、万有的真实基础？

我得重申，如果我们尝试回答这一终极问题，那么参考那些处于发展最高阶段的人们所给予的答案，对解决问题肯定有所帮助，难道你不同意吗？不是说我们必须相信他们所讲的一切，就只是看看他们会否在这个问题上给出某些一致的回答。

也许你已经料到了，情况确实如此。我们在前面提到，“在”的终极基础不是通过魔幻的或者神话的词汇来描述的，也不是被看做外在的东西，或这个世界的超越物，而恰是世界的真如和如是（Thusness），甚至是万物从中涌现的空（空在这里的意思是每一时刻里不可定义的开放性或澄明）。有时也用一些暗示终极智慧、当下觉知或无限意识的词语来描述它。我们说的不是那种神话的或二元的智能，以深思熟虑的方式设计事物，就像钟表匠创造钟表一样。我们说的这种智能通过成为某物去认识某物，同时将其显现出来。它是万有的自我，因此，认识与成为，主体与客体，于不二的呈现中本为一体。如果将其描述为主体，它就是没有客体的主体，没有任何描述可以捕捉其性质，是一个巨大的、开放的见证，一种绝对的主观性，一种镜像心灵。它具有反思能力，无偏差地、不造作地、平等地、自发地反映了万有；它是永不止息地包容一切的宇宙大心灵，却又圆满于此时此地。如果用“在”这个词汇来描述的话，它不是一种本体论意义上的实体，而是事物的真如或存在性，先于概念、情感、思想以及图像，是当下便能触及的、纯粹的存在感。如果用个人的语言来描绘，这是超越上帝和神祇的神性，是当下生出万物的大智慧深渊，它就是“不灭的”；区别于持久的事物，它即恒常的当下，因为“此时”是没有时间性的，它超越时间。现代哲学家维特根斯坦因为对事实与逻辑关系的认识而闻名，他也说过，“如果我们将无限视为无时间性（timelessness），而非时间的无限延续，那么永恒生命就属于那些活在当下的人”。换言之，永恒并不是指某种东西在时间里的持续存在，而是指时间根本不存在的时刻。永无终止的时刻，结果就是无时间的现在和纯粹的当下，就是它把所有的时间握在手中，只要你知道去哪里寻找它。

当意识的开展来到紫外线波段，对这种宇宙灵性也有同样多的描述。然而它们都一致认为，不管如何称呼灵性，它超越了所有多元文化主义，是万有之基础与目标，是那存在于宇宙之前、之后、之上、之中的无限实相，也是整个显化的宇宙①。

---

① 对那些水平较高的学生，我们有一点要澄清。既然心灵的结构与因果状态听起来很像，它们之间的差别到底在哪儿？两者都在那个巨大的目睹中发生，但心灵是结构性发展的一个阶段，而所有的发展都是含摄，是一系列的整体/部分，或者是超越且包含全部前期发展的子整体，因此所有的阶段都是涵括性的；状态则并非涵括性的，而是排他性的（如，你不可能既是醉酒的又是清醒的，或者既是清醒的又是做梦的，也不可能既在做梦又在享受无梦的睡眠等）。因此，高上心灵的结构/阶段既是一种纯粹的目睹觉察，也是知识与觉知的统一体，同时也包含了前阶段的事物（而非排斥它们）。心灵因此有能力觉知所有属于前阶段的结构，它是统和前六个脉轮的第七脉轮（前六个脉轮现在是作为被完全觉知的操作对象而存在的）。因果状态的意识则是没有对象的意识，是同一种觉察，但没有事物作为其“对象”，广阔的开放性就是它天赐的操作对象。前者是包容性结构，后者是排他性状态。甚至佛陀也在不断醒来、做梦、沉睡，这说明在佛陀那里，状态本身依然是排他性的，即便那个巨大的目睹完全不受这些状态的束缚，在心灵中，所有能力都可以整合在一起，事实上也的确如此。

关于那个上帝有证明吗？是的，绝对有，这就是：让自己的觉知发展到紫外线波段，然后，看，细细品尝、触摸、感觉、嗅闻，告诉我们你发现什么。

有一点可以确定，你不会看到神话的上帝，也不会看到科学唯物主义的或多元主义的上帝。原因就是所有这三种认识都不能为存在的谜题提供令人满意的答案。他们整合得还不够，以至于无法看到你自身的存在、你正在成为的状态以及你自身觉醒的完整拼图。

结论

应用 AQAL 系统之后，我们就意识到，“灵性”可以而且已经用来意指象限、层次 / 阶段、路线、状态和类型。每一种用法都是有效的，但我们需要表述清楚，我们说的到底是灵性的哪一个面向，不然我们的结论就会彼此矛盾，最后完全对立。无怪乎灵性领域也许是目前为止，人类所探讨的最让人困惑的议题。

但如果我们应用 IOS，所有的困惑会突然变得明朗起来，起码足以帮助我们爬出原教旨主义（琥珀色）的噩梦，走出现代科学让人沮丧的空虚（橙色）或离开一切事物的荒原（绿色）。在意识进化的超心灵、超个人以及超意识波段中，灵性会微笑着宣布自己的存在，并通过自身的存在和变化，从无数次的“捉迷藏”游戏中将我们唤醒。

意识的每一个波段都存在灵性，因为灵性就是那出现在不同发展层次的觉知，这种觉知在矿物中沉睡，在植物中萌动，随动物移动，在人类中苏醒，在觉醒的圣者中回归自身。最不可思议的是，所有人，包括我和你，都被邀请成为觉醒的圣人。

让我们开始探索吧。

chapter 6

第六章

整合式生活练习

整合式生活

练习的

目标就是

让你全面实现

自身特别的、独一无二

的能力。

通过

不同领域

或

模块的日常锻炼，

你可以
体验到生命中

更为宽广的自由和圆满。

觉醒的圣人不是难得一见的奇人隐士，独自一人住在印度的山洞或西藏的峰顶。觉醒的圣人，简单说就是觉醒的人，就是我们自身意识的本质处于最深的形式和最高的波段之中，当下便是。整合生命实践的目标就是要帮助人们体认到这一点。

我们考察过的大多数IOS应用都倾向于整合之道的实务应用，如医学、商务和生态学，以及帮助我们认识灵性。那么，在我们自身的觉知、成长、转化以及觉醒的实验及实践上，它能有什么帮助呢？

整合之道以第一人称为主体的实验和实践叫做**整合式生活练习**，简称ILP。

ILP的基本思想非常简单。如果你把身体、心智、灵性作为层次，与作为象限的自我、文化以及自然统合，你会得到九个成长与觉醒的可能区域。这些能有效转化个人的因素，被整合式生活练习首度统合在一起。

让我们举一个稍微具体的例子。在表格8里，你会发现四大象限中各有三个层次，于是就会产生12个区域。整合式生活练习为这12个区域创造了实用的练习方式，对于成长、发展与觉醒来说，可谓独一无二，前所未有。

让我们集中关注上半部的个人象限，因为这些区域非常重要，我们将其称为核心模块（core module），包括了身体、心智、灵性和阴影四个层次。我会以各层次的“一分钟模块”为例进行说明，它们是完整模块的简要版本，这些简要版本以浓缩、精炼的方式捕捉住每一模块的根本性质。当然，我们建议你最好去练习所有模块的完整版本，但如果你时间紧张或只是想要稍微体会一下完整版本的效果，一分钟模块也非常有效。

我要强调一点，你不一定要通过 ILP 版本的练习达到成长和转化。只要依循本章以及 ILP 模型（见后面的表格）里提供的通用指导，你可以创造个人版的整合实践，而且同样有效。你可以从那个表格中看到，不同模块可以使用任意数量的练习。方式很简单，从每一个基本模块中挑出一种练习，然后坚持实践。如果你想的话，你可以增添辅助模块，然后就开始吧！如果你想使用由整合学院设计的 ILP 初学者套装，或整合式生活练习手册，也很好，因为学院的研究者们已经替你做了很多准备工作，并且创作出深度指导材料，这些材料比网站（www.MyILP.com）上的更加丰富。不过我要说，两种方法都很好。

核心模块

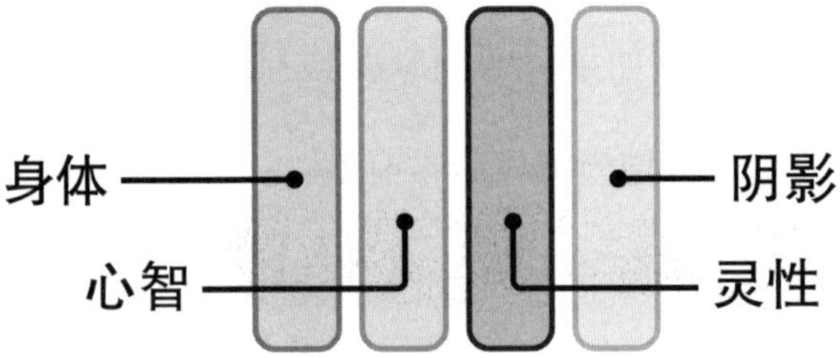

身体、心智、灵性以及阴影就是**核心模块**。如果你以为这是标准的“新世纪”或“整体的”或“灵性的”方法，那就是你犯下的第一个错误。

身体模块

首先，“身体”并不只意味着新世纪灵性中典型的具有感受力的身体，也并非西医标准中的物质身体。而是两者都有，但又不止这两者。它意指外在的物质身体（粗重身体）、精微的能量身体，以及超越的因果身体。ILP 包括了针对所有这些身体的训练，我们将其称为**三身练习**。

整合式生活练习矩阵

核心模块

	身体（物质的、精微的、因果的）	心智（框架、观念）	灵性（禅修、祈祷）	阴影（疗法）
示范练习	举重（物质的）	阅读和学习	禅	完形疗法
	有氧运动（物质的）	信仰系统	关注祈祷	认知疗法
	F.I.T.（物质的、精微的）	整合（AQAL）框架	大心灵冥想	3-2-1过程
	饮食：阿特金斯饮食法、欧尼斯的区域节食法（物质的）	心理训练	卡巴拉	梦的工作
	ILP食谱（物质的）	采取多元视角	自他相换	人际关系
	太极拳（精微的）	任何对你有用的世界观和意义系统	TM	精神分析
	气功（精微的）		整合质询	艺术与音乐疗法
	瑜伽（物质的、精微的）		内观(vipassana)禅修	
	三身练习（物质的、精微的、因果的）		灵性的1-2-3	

辅助模块

伦理	性	工作	情绪	关系
行为规则	Tantra	正确的生活方式	情绪转化☆	整合关系☆
职业道德	整合性爱瑜伽☆	专业训练	情绪智能训练	对孩子的整合养育☆
社会与生态保护行动	爱经	金钱管理	奉爱瑜伽（奉献实践）	沟通技巧
自律	昆达利尼瑜伽	作为ILP模块的工作☆	观察情绪的训练	夫妇治疗
整合伦理学☆	性爱的转化训练	业瑜伽	自他相换法（tonglen）	关系的灵性实践
体育精神		社会服务和志愿工作	创意表达与艺术	正确的团体（僧伽）
誓言与誓约		为自我转化而工作		觉醒的婚姻

步骤很简单：

- 从**四个核心模块**中各挑出一个进行练习，
- 愿意的话可以随意从**辅助模块**中挑出几项来进行额外练习，
- 现在就做！

（我们特别推荐金星练习项目☆）

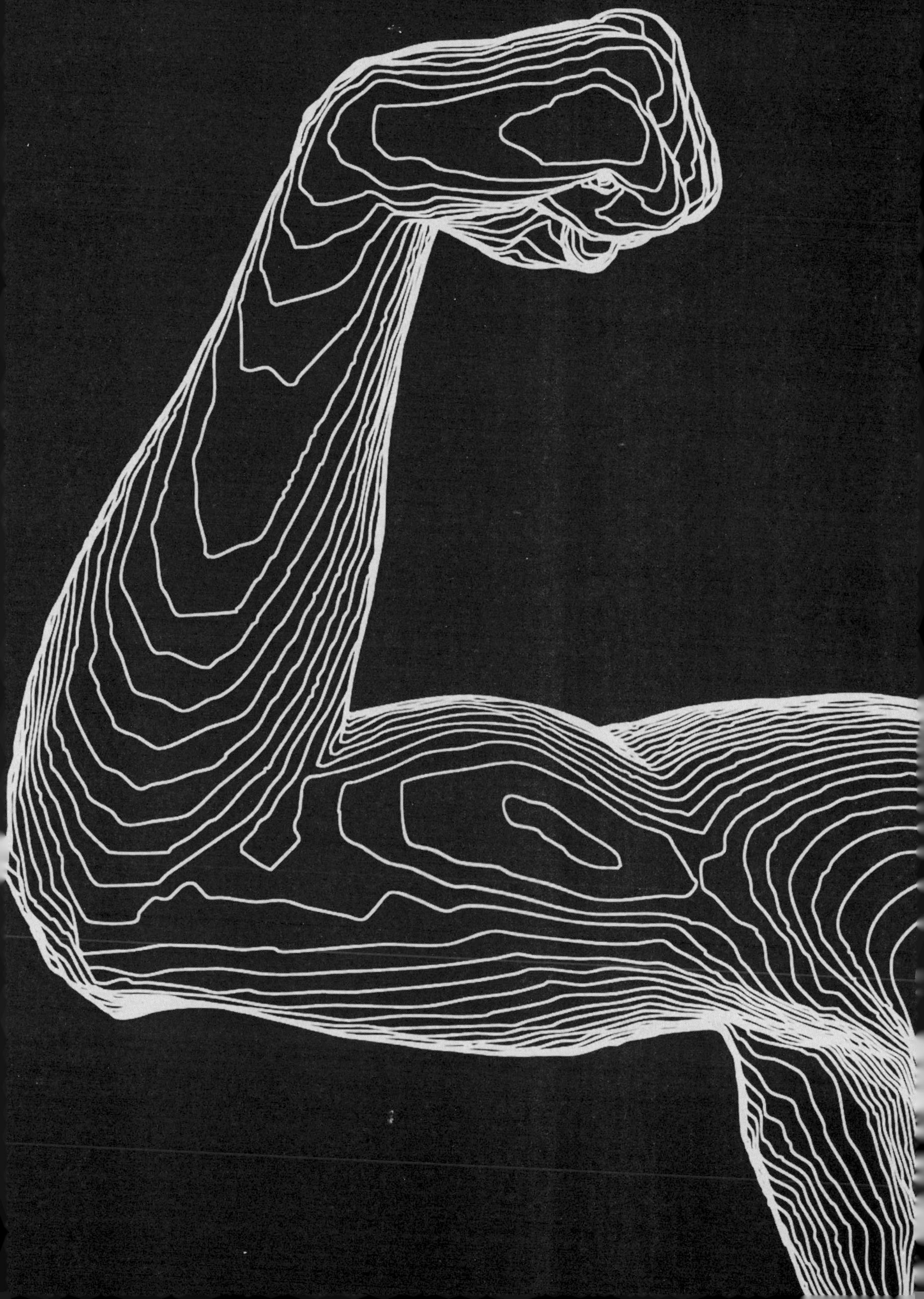

三身练习包括物质身体的练习，如举重和有氧操。同时包含对精微身体的训练，如情绪、想象以及意义感受的练习，太极和气功就是其中的典型方式。最后还包括因果身体的锻炼，如对无限、光与生命间循环联结的感受。

下面就是三身练习的一分钟模块。

一分钟模块

力量练习

这是基本举重练习的简化版本，它是保持肌肉结实与强壮的最为容易且便捷的方法。在这种练习中，我们先让肌肉迅速紧绷至稍微超过承受的范围，然后让肌肉放松。我们的身体为了下一次能够承受同样的挑战，就会让肌肉组织重新生长。只要遵循这种激发—放松—恢复的步骤，训练就可以非常简单、快速、有效。

想要增强肌肉力量，先选一组肌肉来进行练习（如二头肌、胸肌、腹肌或腿部肌肉）。你可以使用杠铃、哑铃、器械，或利用你自身重量（如蹲马步，俯卧撑或仰卧起坐）。先热身，然后再做练习，直到你的肌肉群精疲力竭为止。如果你使用重量工具的话，每组做八到十二次，就可以了。

一天一组练习，每次练习一个肌肉群。下次练习的时候，换一个肌肉群……如此重复。每天一到两分钟就可以。一个月后，你就会因为训练所带来的提高而大吃一惊。试试吧！

一分钟模块 有氧锻炼

研究表明，想要提高自己的有氧代谢能力，并不一定需要大量的跑步或其他基础练习。只要让你的心跳加速然后休息，如此循环几遍，就可以让你受益匪浅，这也叫做间歇训练。

为改善心脏血管健康，可以选择任何能让你心跳加快的有氧运动，如跑步、骑自行车甚至是跳绳。先热身，然后开始锻炼，直到你的心跳加速至大约最大强度的 80%（就是你正要开始喘不上气的时候）。一旦达到这种状态，就停止活动，完全放松一会儿。重复这个过程二或三次。

注意：因为有受伤的风险，我们建议初学者在开始练习的时候，身边最好有有经验的人指导。

一分钟模块 三身练习

1. 因果身体

站立，自然呼吸……

关注当下的如是，此时此刻的存在性。我就是这种如是。我就是万物由之出现的开放性。

吸气，呼气，吸气。双手合十，约与心脏等高，然后双手交叉在胸前，最后一次呼气的同时，双手沿着身体两侧放下。

我呼气，进入无限。

2. 精微身体

吸气，双手聚集能量，双手平摊，手心向上，手指轻轻交叠。

我吸气，进入生命的圆满之中。

呼气，双手从前移到头顶，掌心向上。

我呼气，回到光明之中。

吸气，双手垂下，回到指尖轻轻交叠的状态……

重复一圈，我自由且圆满。

如此重复八次，舌头抵住上颚（形成“小周天路线”）。呼气，双手从前移到头顶，手心向上；吸气，双手放回原处。

3. 粗重身体

双手放在腹部，吸气、呼气。

无限的自由与圆满以珍贵的人身呈现。

吸气、呼气，缓慢下蹲，双手着地。

触摸大地，我与万有相连。

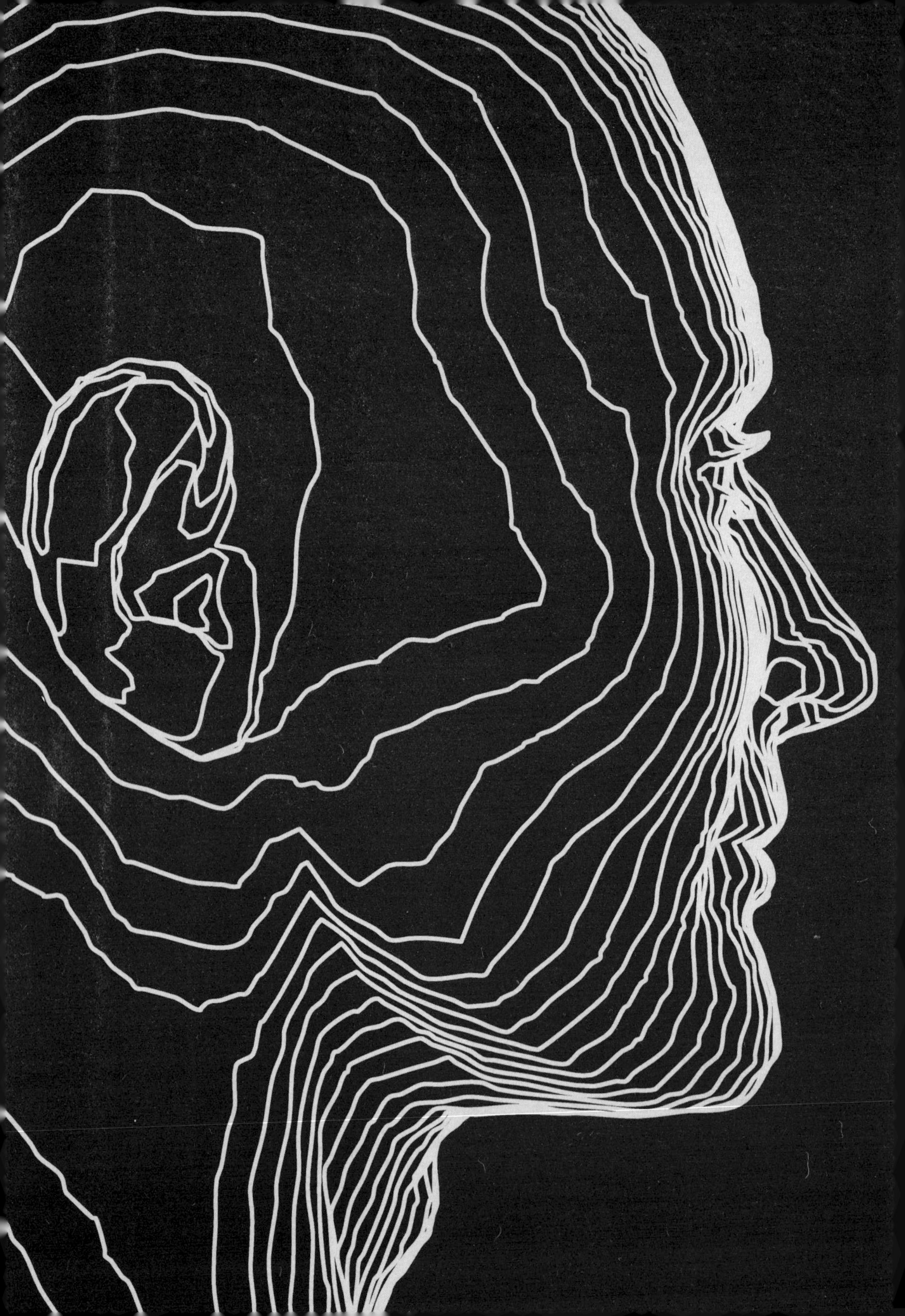

4. 致敬

向四方鞠躬（向右转，顺时针次序）。

愿我的身口意 / 服务于大千世界的一切存有 / 万物因此解放 / 由此进入如是 / 在此时 / 在每刻

心智模块：AQAL 体系（Framework）

或许整合生命实践中最为重要的模块就是心智模块，只因心智是身体与灵性之间那缺失的链条。全世界的灵性修行者通常都会说，修行得包括“身体、心智与灵性”，对这三者要心存敬意，但事实上在过去的 20 年中，心智几乎被人们彻底遗忘，而身体的感受占据了中心位置，以至于直接的感受与情绪经验常被等同于灵性觉知。心智，或者思维力不仅被弃置一边，而且被认为是“非灵性的”，甚至是“反灵性的”，意思显然是你应该“发自内心”，绕过阻碍你的大脑。“不要诉诸于知识，不要诉之于概念，只要去感觉，去体验。”这些话走到哪儿都能听见，因为灵性修行者们对此深信不疑，为了找到灵性，你必须“丢弃心智，拥抱感受。”

那就试试吧。大概10年之后，当你逐渐失去心智时，你或许会决定要掉转方向。心智的确是身体与灵性的桥梁，它将两者黏合在一起。心智或者智力，在梵语中是菩提（Buddhi）的意思，即诸佛诞生之地。心智从灵性中生起，既是灵性最初的表达，也是灵性回归的最高层次。作为身体与灵性之间的维度，心智让灵性安住于身体的同时，又提升了身体的灵性；既让灵性拥有坚实的基础，又为身体带来灵性的指引，否则身体就会迷失在自身的感官体验以及所见所感中。灵性成长从自我中心的身体感受（只能感觉到自己的存在）开始，迈向心智，这种懂得换位思考的智能使自我拓展，直到世界中心，在那里拥抱灵性。让自己穿上别人的鞋是一种心理运作，一种认知行为，借此可以体会他人的感受，而这必须有心智的帮忙。是心智让觉知从自我中心的情感牢笼中超脱，从此极大地扩展，超越自己，最终拥抱全宇宙——一个由情感、思想与明亮意识构成的统一体，包含了身体、心智和灵性，而心智联结了身体和灵性。

没有统合且全面的心理框架，事物分崩离析的速度比你唱一首《Feelings》还要快。在过去的30年中，有一个事实反复出现，那就是：缺乏心智框架支撑的灵性体验转瞬即逝。

在整合式生活练习中，我们使用AQAL视角（框架），只因为

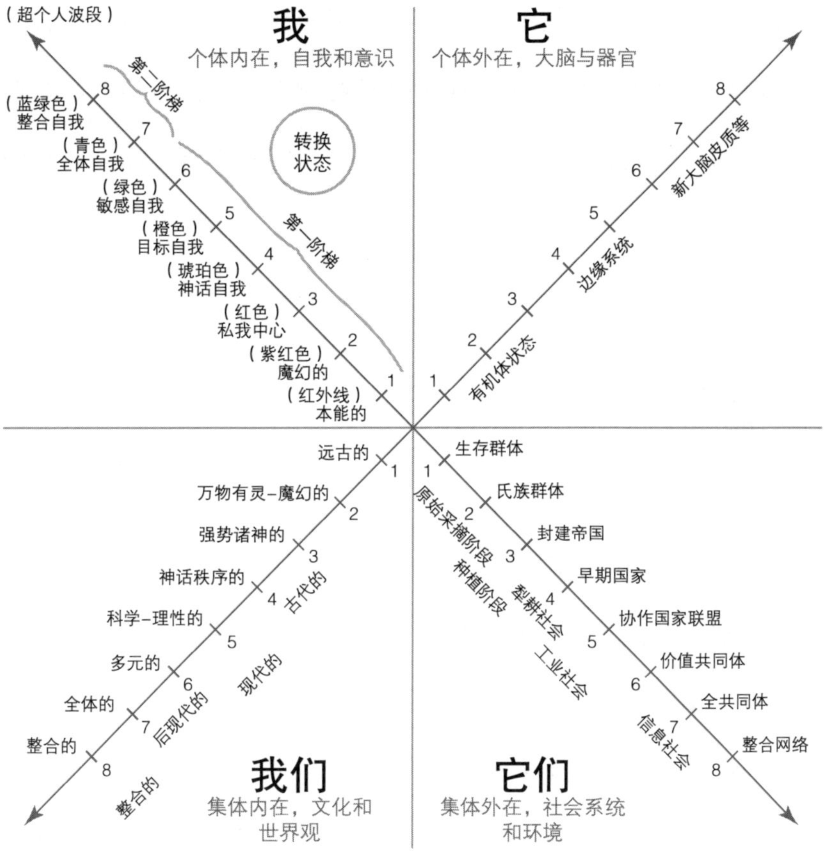

表格 20. 人类的四大象限

它是现今我们发现的唯一真正的整合视角。AQAL 不只是一种“抽象概念”，更是活生生的、发着光的、可被经验的现实。事实上，很多人都报告说，AQAL 确实能够**影响心灵**。一旦你学会 AQAL，或者一旦你将 IOS 下载安装进你的生物电脑中，它就会像一份内部清单，自动提醒你留意那些可能未被全面利用的才能。它不能从外在施加作用，却能点燃你内在的可能性。之所以说它能影响心灵，也是因为它可以改变你对自身可能性的看法。最后，有趣的是，如果你真正掌握了它，转化自身其实并不难，而且非常刺激有趣。

解释万有

许多人觉得 AQAL 的应用激荡人心，他们用一个简单的词组来表达这种兴奋，即“理解万有”，这正是 AQAL 体系能够帮到你的地方。事实上，它的设计初衷是成为人类各种活动类型的索引。经过我和众多学者三十多年的研究，AQAL 成为了一种对知识和经验进行归类、建立索引的方法（例如，我们在本书中将其用作不同的“灵性”意义之索引）。

但我们很快就认识到，这一模式在很多领域都适用，比如作为非比寻常的个体觉知发展图谱（若非如此，它也不能成为索引系统）。我们将其与全世界已有的 100 多幅人类身心图谱进行比较，古代的、现代的和后现代的，并互相填补彼此落下的空白。这一“混合图谱”包含五种简单要素，于是 AQAL 诞生了。

通过使用 AQAL，你可以亲自验证它是否真的有助于你“理解万有”。例如，科学与宗教之间的冲突。沃尔特斯[①]最近有一个电视特辑，叫做《天堂》。在节目的前半部分，她采访了许多当今最为知名的灵性导师，每一位大师都说，灵性生活对自己是如何的不可或缺和意义重大。然后，在节目的后半部分，她采访了时下的知名科学家，他们每个人都用了很多话去解释灵性体验不过是物质大脑的幻象罢了。他们说，没有灵性，只有物质，那些相信灵性存在的人很明显被幼稚的幻象或别的什么控制了。

观看这个节目的感觉是非常奇怪的，因为你很快就会意识到：节目中的每个人都在想，如果他们当中有一半人是对的，另一半则大错特错。如果科学家们是对的，那么那些灵性权威就深陷幻象了，反之亦然！不管是哪一种结果，总有一半的人把自己的生命浪费在幻象之中！这完全说不通。

说得通的是，他们双方都是对的。那些关注灵性的人谈论的是左上象限，而科学家们谈论的则是右上象限。

再以**文化战争**为例。如果上述例子与象限尤为相关，那么文化战争所涉及的则是层次。尽管文化战争存在许多不同方面，但它们都集中在**传统**价值、**现代**价值与**后现代**价值之间的激烈冲突

---

① 芭芭拉·沃尔特斯（Bar Bara Walters），是一位美国记者、作家、媒体从业人。她曾主持多档早间电视节目，并担任《ABC晚间新闻》的联合主播以及《ABC世界新闻》的记者。——编者注

中，恰好分别处于琥珀色、橙色和绿色的高度。记住，第一阶梯的所有层次都认为，自己的价值观是所有层次里面唯一真实的，其他的再好不过是深陷迷途，最糟糕的则根本是幻觉。好了，欢迎来到文化战争！就是这么简单。

当然，我们正等待着向第二阶梯的伟大跳跃，那里将产生不同层次之间第一次真正的整合，人的觉知超越了文化战争的战火，进入到整合觉知的广阔空间中，走在通往超自我实现与开悟的光明大道上。在这一领域及其他诸多领域中，因为使用整合系统或者 AQAL 体系，万事万物马上有了意义，你生命中的所有事物都拥有了存在的道理。当心智为全宇宙提供了栖身之所，不再将之分割成各自痴笑着的东一片西一片，深刻的宁静与笃定就降临于

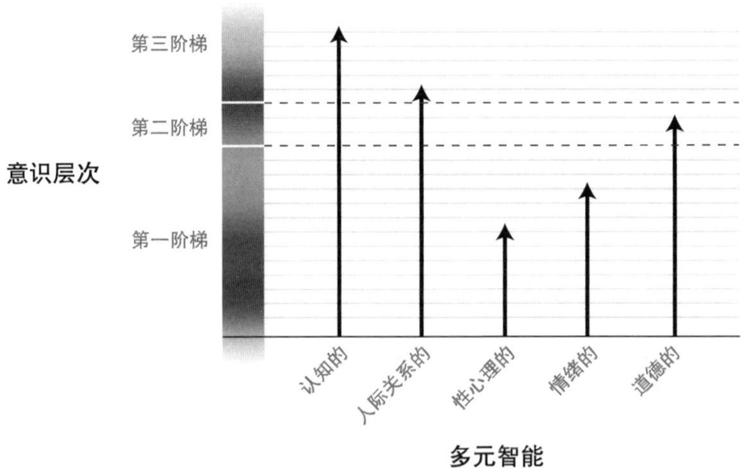

表格 21：层次与路线

你的存在中。喜悦回归思想；智能因快乐而变明亮，它本该如此。在一切整合的世界里，澄澈清明即每一时刻的特质。

最重要的是，你的生命中的确存在一个万物安住之所。一切都有了意义，因为一切各安其位。意义重新进驻生命，这或许是整合之道最为关键，也最易为人所发现的特征：各得其所，彰显其道。

反讽的对面是意义，分裂与破碎的世界对面是意义，绝望的另一边是意义。试试用整合体系观察一下身心内外的世界，看看你会怎么想。但不管你使用哪种体系或视角，请让其尽可能地广泛和丰富，因为你生命的意义奠基于此。

下面是心智模块或整合（AQAL）体系的一分钟模块，集中关注三个层次（身体、心灵和灵性）以及四个象限（我、我们以及它、它们）。我们将其称为“感受 AQAL”，因为这一体系不是一个抽象的图谱概念，而是能被感知的鲜活的真实。

一分钟模块
感受 AQAL

AQAL 体系的基石就是对视角（perspective）的理解。任何时候，只要你注意已经呈现的事物，你就能感受到你的存在所处的基本维度。

- 感受你当下的“我”空间或个人觉知。此刻，成为一个“我”到底感觉如何？**感受**这种“我性”。
- 感受你当下的“我们”空间或者主体间的觉知。此刻，与他人存在关联是什么感觉（如果你的身边没有人，你可以想象一个关键人物，你的家人或者你的同事。你甚至可以去感受那个让你和世界另外一边的人产生联系的东西）。**感受**这种“我们性”。

- 感受当下的“它”空间或客观世界。是什么东西围绕在你身边？脚下的大地给你什么感觉？**感受**这种“它性”。
- 现在，感受你的身体：你的情绪和感觉。
- 感受你的心智：你的想法和意象。
- 最后，感受每一时刻的那个目睹，就在此刻觉知着你的我、我们、它、身体、心智的那个灵性。
- 默默提醒自己：“这些全都是我的‘在’与正成为的维度，我悉数接纳，无一拒绝。”

现在你已感受过AQAL的简要版本——全部象限（我、我们、它、它们）和全部层次（身体、心智以及灵性）。这就是在**自我、文化**与**自然**中对**身体、心智**和**灵性**进行训练。

阴影模块

如果我曾说心智模块是最为重要的模块，那现在我改变主意了，阴影模块才是（不过，它们都很重要，不是吗？）。过去几十年中，我们历尽艰辛学到的其中一课是，如果你不在阴影模块下工夫，基本上所有其他模块都会受到破坏，最为糟糕的是，凶手

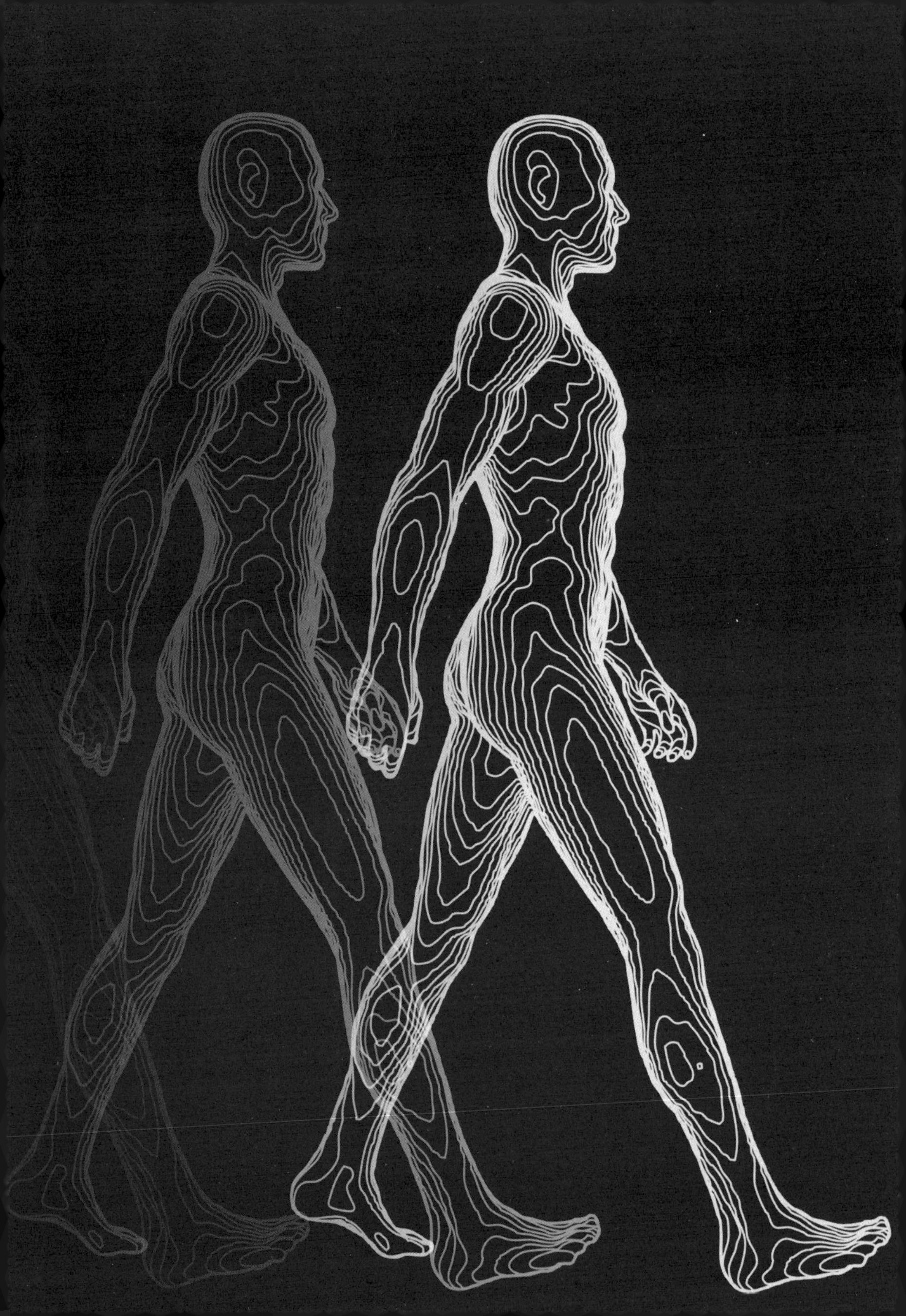

就是你自身的无意识动机。

“阴影”是一个代表个人无意识的词，指那些被我们压抑、否定、疏离或排斥的心理因素。不幸的是，否定并不能让这些心理因素消失，相反的，它会一再出现，用神经症、上瘾症、恐惧以及焦虑来折磨我们。揭露、善待、接纳阴影不仅是消除这些痛苦症候的必要步骤，也是塑造一个准确、健康的自我形象所必需的举措。

我们且以那些无法与自己的愤怒或攻击心理和平相处的人为例。不管在什么样的情况之下，只要那个人感到生气，或者被惹恼，他都无法感受到自己的恼怒，因为他一直压抑着。但恼怒不会因此消失，只是被转嫁或投射到别人身上。比如他知道某个人怒气冲天，且这个人不可能是他自己，那必然是别人在生气，任何其他什么人。想到这，他觉得老板似乎真的对他怒不可遏！于是他抑郁无比。他自身的恼怒受到了压抑，被疏离的同时也被否认了，然后变成疏离感和抑郁回到他身上。发怒变成了悲伤，只因为一个阴影，这个人的生活就被彻底改变。

人们过去认为，单靠冥想就能让大部分的无意识阴影被揭露或释放出来。但经过了几十年的冥想之后，许许多多的阴影还未被触及。造成这种状况的原因已被找到，那就是，除非你知道自己的目标，否则冥想的全景式觉知会变得太过漫无目的，难以捕捉到具体的阴影元素。为了解决这个问题，激光心理治疗（laser psychotherapy）[①]应运而生。

在上面的例子中，由于冥想会增强一个人的敏锐性和情感觉知力，所以冥想便可以帮助那个人更多地触及到自己的忧伤与抑郁的情绪。他甚至可以用强大的觉知冲走他的抑郁情绪！但如果那个人不知道应该到哪里以及如何寻找阴影，他就不会找到隐藏

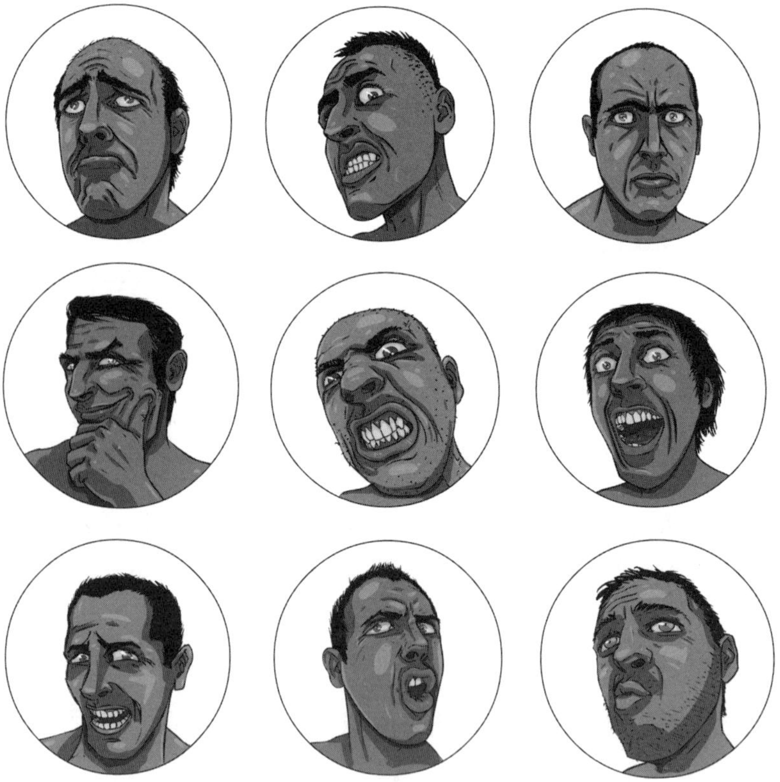

① 有目的地集中治疗特定领域的问题。——编者注

在自己情感之中的怒气与狂暴。这一心理侦查工作是深度心理学的领域，相当程度上是现代西方的发明。冥想在此会有所帮助，但无法取代心理治疗。

阴影心理治疗存在多种有效的治疗方式，如完形疗法、心理分析疗法以及交往分析疗法。其他形式的心理治疗尽管不直接处理阴影，但在矫正神经紊乱方面也可以非常有效。从认知与人际关系着手的方法所带来的帮助尤为个案所证明，甚至内在日记和内在对话都有所帮助。我们将所有这些方法称为“阴影工作”。

但不管你选择哪种形式，缺少了阴影工作，任何整合式生活练习都是不完整的。我们的建议是，学习这门课程的时候不要硬

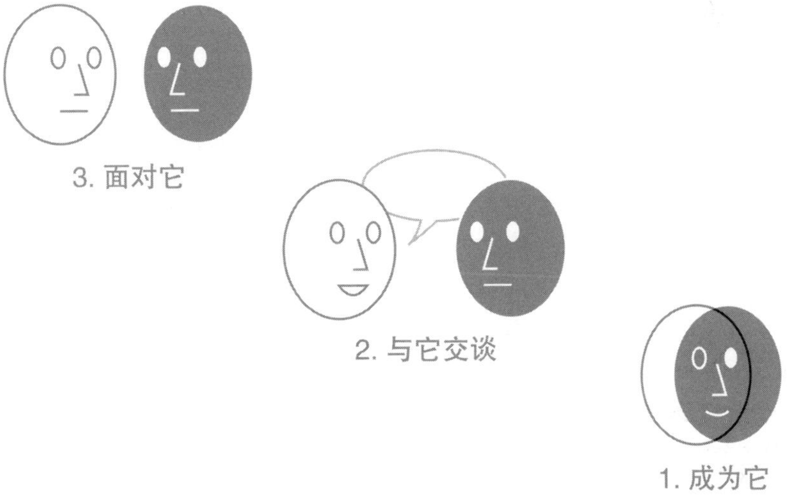

碰硬，因为阴影会在觉悟的路上一直陪伴你，它就是爱耍花样的小淘气，因此我的建议是你们首先也要成为阴影。

下面是 1 分钟阴影模块，我们将其称为“3-2-1 阴影处理”，即首先以第三人称方式去**面对**阴影，接着以第二人称与其**交谈**，最后以第一人称**成为**阴影本身。这种面对—交谈—成为的方式可以带走症候并将其转变为被接纳的自我面向。

一分钟模块

3-2-1 过程

每当有需要，你可以随时开始这个 3-2-1 过程。有两个特别有效的时段：早上刚醒来和晚上临睡前。一旦你掌握了 3-2-1，不用 1 分钟你就可以解决那些烦心事。

早上在你下床之前，首先回想自己所做的梦，找出带着情绪出现在你梦中的人，不管是正面情绪还是负面情绪。面对那个人，在心里与之交谈，或者就是简单地回应他们。最后，站在对方的角度，成为那个人。进行这一训练无须写下任何东西，你可以在自己的脑海中完成整个过程。

在睡觉之前，选择一个在当天困扰你或吸引你的人。面对他们，与他们进行交谈，然后成为他们（如上所述）。同样，你可以自己安静地完成这一过程，只要你需要，无论白天黑夜，任何时候都可以。

辅助（补充）模块

身体、心智、灵性以及阴影模块被认为是**核心**模块，其原因如下：首先，它们最为根本；其次，你可以独力完成这些模块。而**辅助**模块则是那些着力于你在这个世界的各种人际关系、工作、家庭、婚姻生活、亲密伙伴，以及个人转化工作的高层模块。

其中首当其冲的是**伦理模块**。整合学院在最近的一项调查中，向在线广播节目 www.IntegralNaked.org 的大约 8000 名会员寄出问卷，我们的问题是："你最希望将哪一模块纳入自己的整合式生活练习中？"选项包括冥想、工作、关系、饮食以及性爱。最多人选的是冥想，其次是伦理。人们把伦理放在了食物、关系以及性爱之上。显然，我们的文化是如此的缺乏道德指导，很多人都渴望在这方面获得某些指引。

伦理模块有两个基本的指导原则。首先，一种行为把越多的视角纳入考虑，该行为愈加道德或合乎伦理。只考虑第一人称视

角的行为是**自我中心**的，将第二人称视角纳入考虑的行为是**种族中心**的，将第三人称视角纳入考虑的行为是**世界中心**的。而将第四人称及第五人称视角纳入考虑的则是**大宇宙中心**的。

理解了上面的内容，我们就知道，世界中心的行为比种族中心的行为要好，世界中心的比种族中心的要好（更加道德），而种族中心的比自我中心的要好，因为前者将更多视角纳入考虑。在吉利根的顺序中（**自私自利、关怀他人、普世关怀、整合**），每个更高层次都更为道德，因为在作决定之前，它们将更多的视角纳入考虑。当所作决定会影响到你的时候，你希望决定者是自我中心的还是世界中心的？

因此，我们可能已经认识到，有一条道路，它超越琥珀色的道德绝对主义和绿色的道德相对主义。意义在整合伦理学中回归，带着超越和包容了更小视角的道德指南。

第二个基本原则是，符合伦理的行为是一种**在最大范围内尽力保护和推动最大深度**（depth）的行为。这一格言也叫做**基本道德直觉**，或 BMI。深度是全部模块中层次的数量，而范围则是某一层次中全部模块的数量。如果我们细数一下表格 14 中所标出的层次，那么红外线大约拥有一个深度，红色有三个，橙色五个，蓝绿色八个，紫色十个，如此等等。

光是知道八个深度比五个好，五个比三个好是不够的。我们还得知道它们如何与其他层次协调一致，不论是人类还是其他物种。一个人比一头奶牛更有深度，而奶牛比胡萝卜有更多深度，胡萝卜又比细菌更有深度，而细菌则比夸克有深度。所以，如果我们不得不去杀戮奶牛或者细菌，我们只能选择细菌。但既然万物皆有联系，我们的行为不应该只是扩充深度，而应在最大范围内产生最多深度。生态关怀以及生态伦理学就涉及这种不可思议的平衡艺术，要在最大范围内拯救最多的深度。只在乎深度是人类中心的，只在意广度则是细菌中心的。于是，我们只能以基本道德直觉作为准则，在最广的范围内保护和推动最多的深度。

其他辅助模块包括转化情绪、业瑜伽（或者尘世的工作）、性爱瑜伽、关系、家庭和养育孩子。更多相关与最新内容请登录www.IntegralTraining.org。

我们现在还剩下一个核心模块没有探讨，而我又改变主意了。现在我认为，我们将要讨论的才是最为重要的模块。

灵性模块：大心和大灵的广阔开放性

今天，很多人都会说自己是“有灵性，不宗教”。其大概意思就是，“宗教的”意味着宗教机构，其中包括教义、神话、基本信仰、

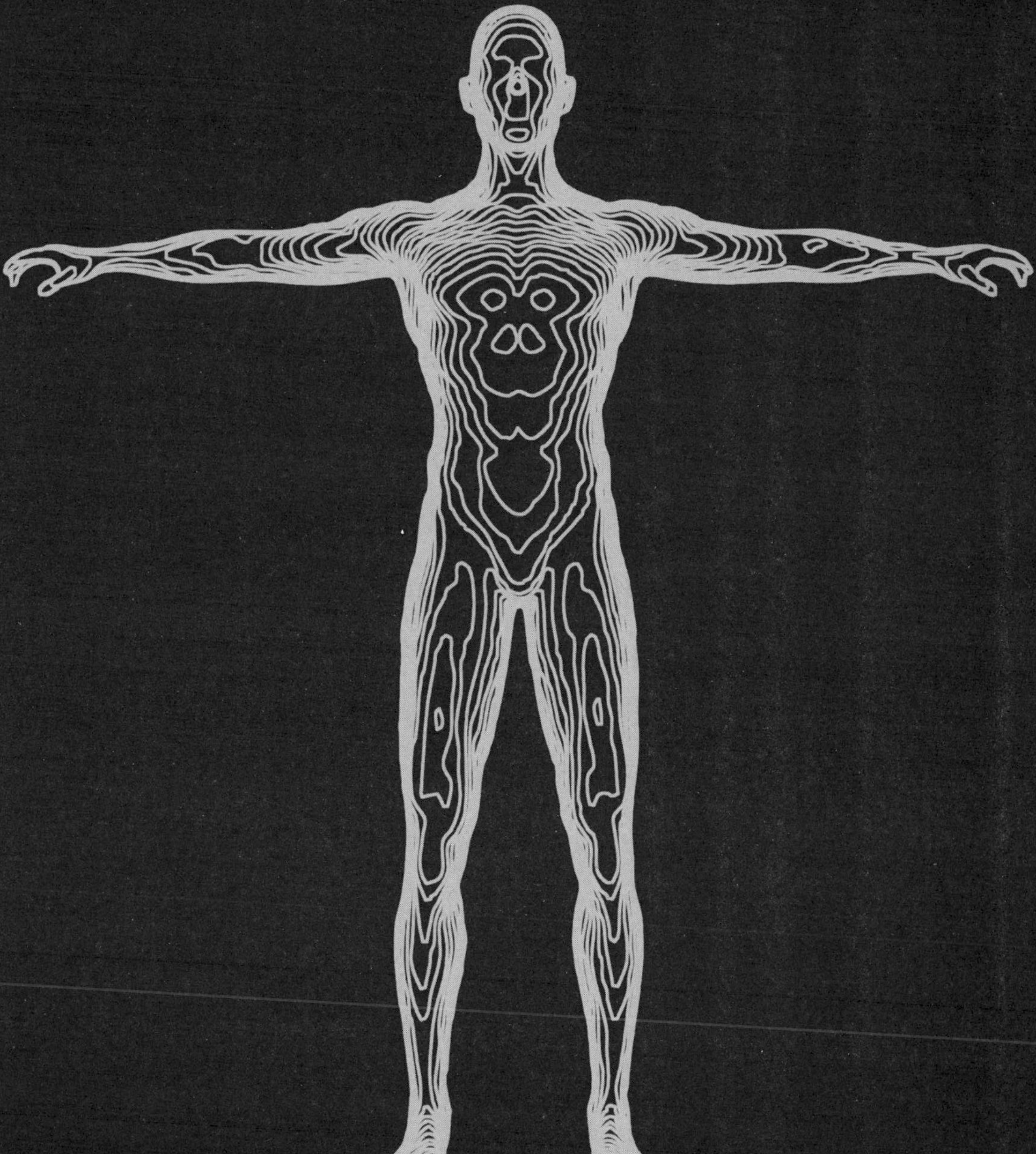

古老过时的仪式；而“灵性的”则意味着个人价值、当下觉知，内在现实以及直接体验。当然，宗教的某些方面也具有灵性，但大多数宗教组织确实看起来已经过时、衰败，是古代的遗迹，或者起码是发展的前理性阶段。

灵性意味着对存在之基础的直接体会，它可以是表达个人终极关怀的任何东西。只要能够赋予生活以完整或超越意义的，都可以叫做灵性。它也可以意味着一个人最深处的本质和境况。在第五章中我们对这一议题进行了颇多的探索。但事实是，你要么相信“存在”的灵性维度，要么就不信。核心灵性模块着重冥想或沉思练习，用意是为了容纳尽可能广的导向，从更“科学的”（冥想是一种放松体验）到更“灵性的”（冥想让我们体会到存在的终极基础或上帝，或任何名字）。只要你觉得舒服，使用哪一种都可以。

整合式生活练习的一个特别之处就是我们所谓的“灵性的三副面孔”或“上帝的1–2–3”。意思是，灵性与其他所有显化物一样，在显化时也具有四大象限，因此我们可以通过四大象限来思考灵性（就是灵性的第一人称、第二人称、第三人称视角）。

第三人称的灵性呈现为大生命网，整个“存在的整体”被视为“大它”（Great It），这是万有的大系统或大写的自然。上帝的这一面孔因斯宾诺莎[①]而闻名。

第二人称的灵性是一个“大你”（Great You）或“大您”（Great Thou），一种活的智性与大爱，是所有存在的基础与原因。西方的有神论传统尤其关注灵性的这一面孔。

第一人称的灵性是“大我”或“大我－我”，那个目睹我的大我，纯粹的无限自我，是成了生命本源的大梵，是成为你当下思想与觉知的大心灵。东方的禅修传统最注重灵性的这一面孔。

到底哪个面孔是真的？当然三个都是真的。它们显示的是灵

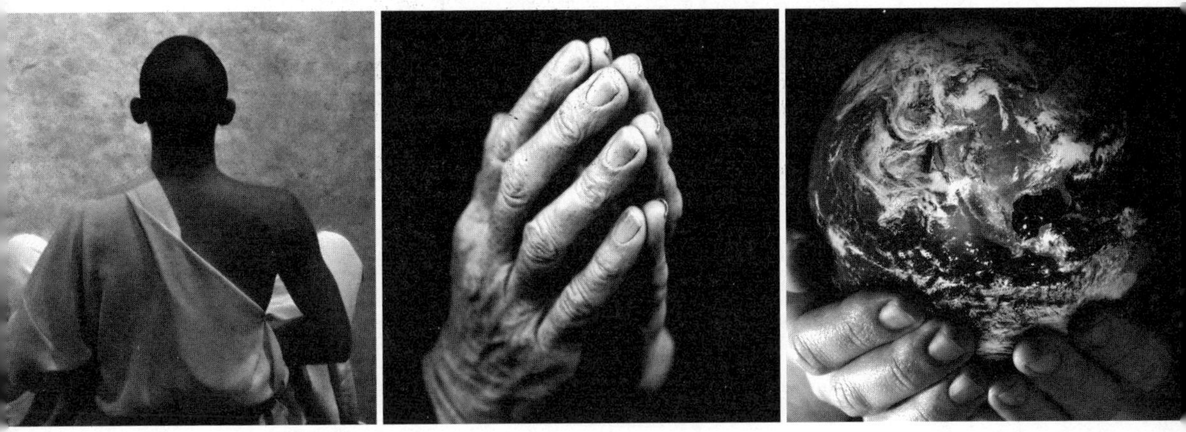

① 巴鲁赫·斯宾诺莎（Baruch Sptnoza，1632~1677），西方近代哲学史中重要的理性主义者，与笛卡尔和莱布尼茨齐名。他认为宇宙间只有一种实体，即作为整体的宇宙本身，而上帝和宇宙就是一回事。斯宾诺莎的上帝不仅包括了物质世界，还包括了精神世界；上帝是每件事的内因，通过自然法则来主宰世界，所以物质世界中发生的每一件事都有其必然性。如果我们能够将事情看作是必然的，那么我们就越容易与上帝合为一体。——编者注

性的四大象限或三副面孔。只要你觉得合适，你可以选择任何一种视角，但有一种特别类型的整合灵性觉知能将所有面孔结合起来，那就是我们的整合之道。

下面是灵性的一分钟模块，三副面孔都会受到关注。

一分钟模块
上帝的 1-2-3

无论何时，你都可以体会到上帝作为第三人称的“它”、第二人称的“你”或者第一人称的“我”。在心里默默地重复这些句子，让每一种视角在你的觉知中温柔、自然地呈现。

- 我把眼前的一切看做上帝，祂是每一时刻的完美呈现。
- 我将上帝看作无限的“您（Thou）”，与您对目交流，您赐予我祝福和完全的宽恕，在您面前，我奉上无限的感恩和敬意。
- 我在上帝之中休息，上帝就是原初的我，那纯粹的目睹，那与万有合一的大心灵，在这种长存的、安乐的与自然的状态中，我日复一日地生活。

如果愿意的话，你可以用任何表示终极存在的词去代替

“上帝”。可以是“灵性”、“耶和华”、“安拉”、“梵”、“主”或“唯一者”。

下面是同样的冥想，不过更关注第一人称视角。

注意你此刻的觉知。注意在你的觉知中所呈现的事物。思想中的图像和念头，身体中的情感与觉受，以及你屋子中或周围环境中的无数事物。这些都是在你觉知中生起的事物。

现在回想一下，五分钟之前你的觉知中都有什么。大多数念头已改变，大多数身体感觉都改变了，大多数外部环境也改变了。但有一样不变的东西。你内在有一样东西，现在和五分钟之前都是一样的。到底是什么？

真我（I AMness）。是真我的感受和觉知一直存在。我就是那长存的真我。真我现在存在，一会儿之前存在，一分钟之前存在，五分钟之前同样存在。

五小时之前什么存在？

真我。这种真我感是一种持续的、自知的、自我确认的、自证的真我。我所有的念头会改变，我所有的身体感受会改变，我的环境会改变，但真我是永远临在的、鲜明的、开放的、空寂的、清晰的、广阔的、透明的、自由的。事物会改变，但这种无形的真我不会变。这种明确的此刻的真我，现在存在，一如五小时之前也存在。

五年之前什么存在？

真我。那么多的事物生生灭灭，那么多的感受来来去去，那么多的念头起起落落，所有的戏剧、恐惧、爱恨都只是发生，短暂停留，然后烟消云散。但有一样东西不来不去，那是什么？记忆中，五年前出现在你的觉知中，而此刻依然在你觉知中存在的唯一一样东西，是什么？那就是超越时间、永恒呈现的真我，它现在存在，五年之前也存在。

五个世纪以前什么存在？

唯有真我。每个人体会到的都是这同一个真我，因为它不是一个身体，不是一个念头，也不是一种物体，不是环境，不是任何可以被眼睛看见的东西。它是永远在场的观者。在所有星球上，无论何人、何地、何时，呈现何事物，都由这开放、空寂的真我持续目睹，直到时间的终结。真我是唯一的、明确的、当下的。除此你还可能了解什么？还有什么人知道其他的东西吗？永远且唯有这闪耀的真我，它自知、自觉、自我超越，无论是现在、五分钟之前、五小时之前还是五个世纪之前，一直如此。

五千年之前？

亚伯拉罕在之前，我在。宇宙在之前，我在。这就是我的本来面貌，是我的父母出生前，在宇宙诞生前，我就拥有的面孔，而且我永远拥有这一面孔，直到我决定要玩一回捉迷藏，然后迷失在我所创造的事物中。

我绝不会再假装自己不知道，或者感觉不到自己的真我。

如此，游戏结束了。百万个念头生灭不止，百万种感觉浮沉不定，百万个事物聚散不已。但有一样东西不来不去，那就是伟大的不生不灭者，它不曾踏进也不曾离开时间之流，它是时间之上的纯粹存在，飘浮在永恒之中。我就是这伟大的不生不灭者，自知、自证、自我解放。

亚伯拉罕在之前，我在。

我不是别的，就是这第一人称的大精神，是大宇宙终极的、微妙的、耀眼的全体创造性自我。我在我之中，也在你、他、她以及他们之中，就是我们每个人都能体会到的“真我”。

因为在所有的已知宇宙之中，真我的全部数量只是一。

如同真我一样安住吧，就是你此时此刻所感受到的真我，不生不灭的大精神在你之内闪耀，它就是你，它也是你的个人身份，是这个和那个事物，也是这个和那个自我。在万有的存在基础之中休息吧，作为这伟大和完整的真我，然后起床，在真我所创造的宇宙中开始自己新的一天。

chapter 7

第七章

并非结束，而是开始

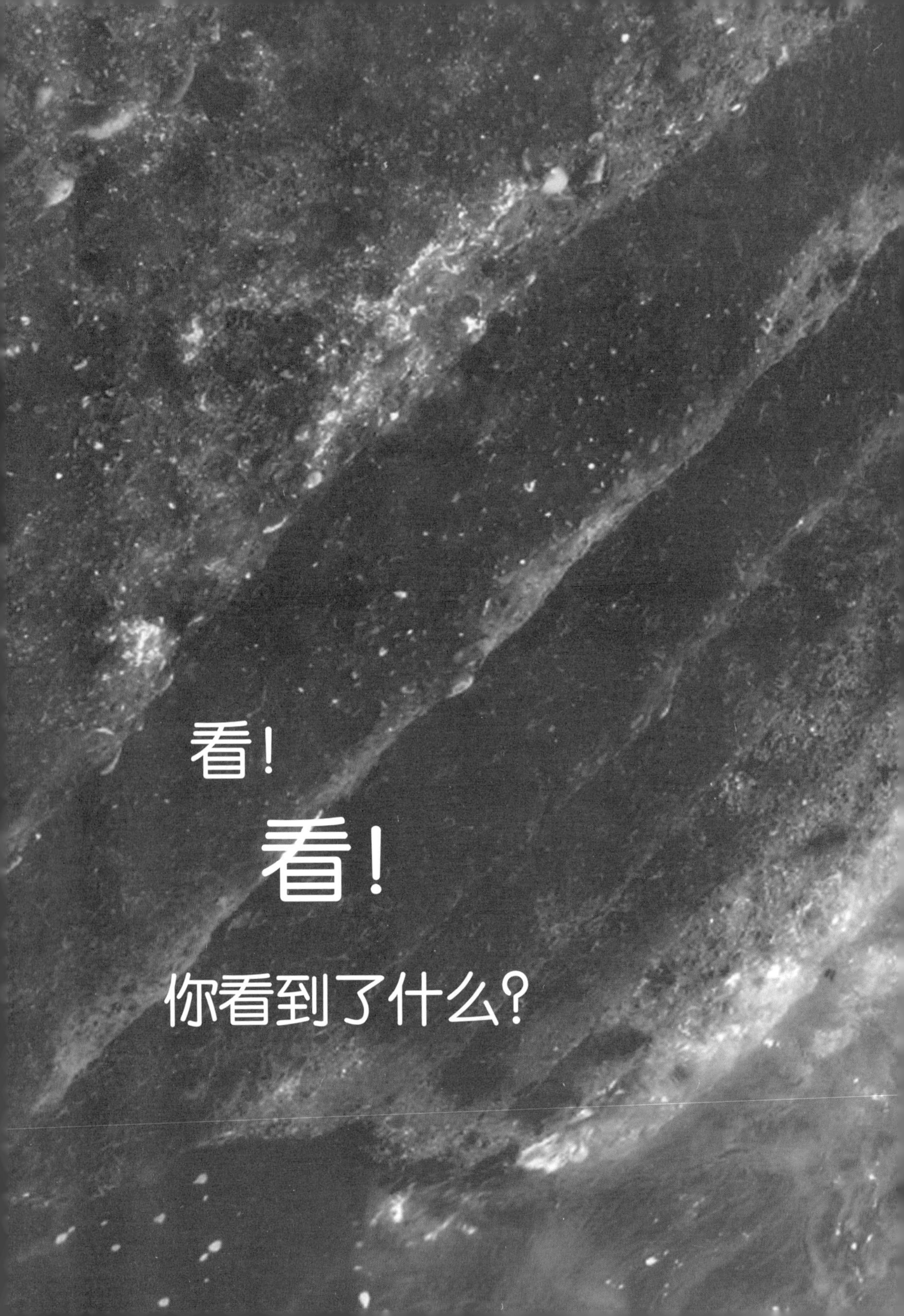
看！
看！
你看到了什么？

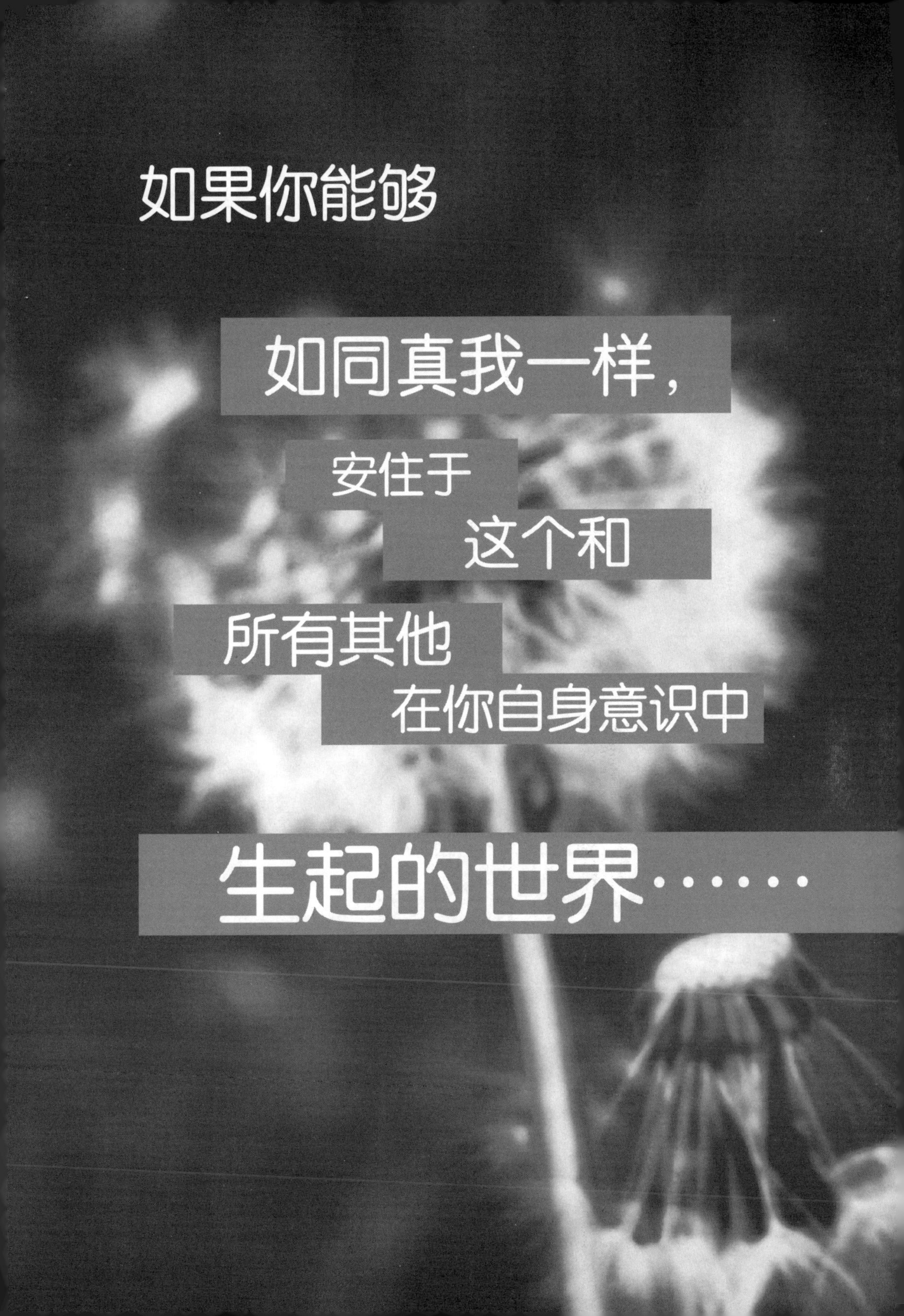
如果你能够
如同真我一样，
安住于
这个和
所有其他
在你自身意识中
生起的世界……

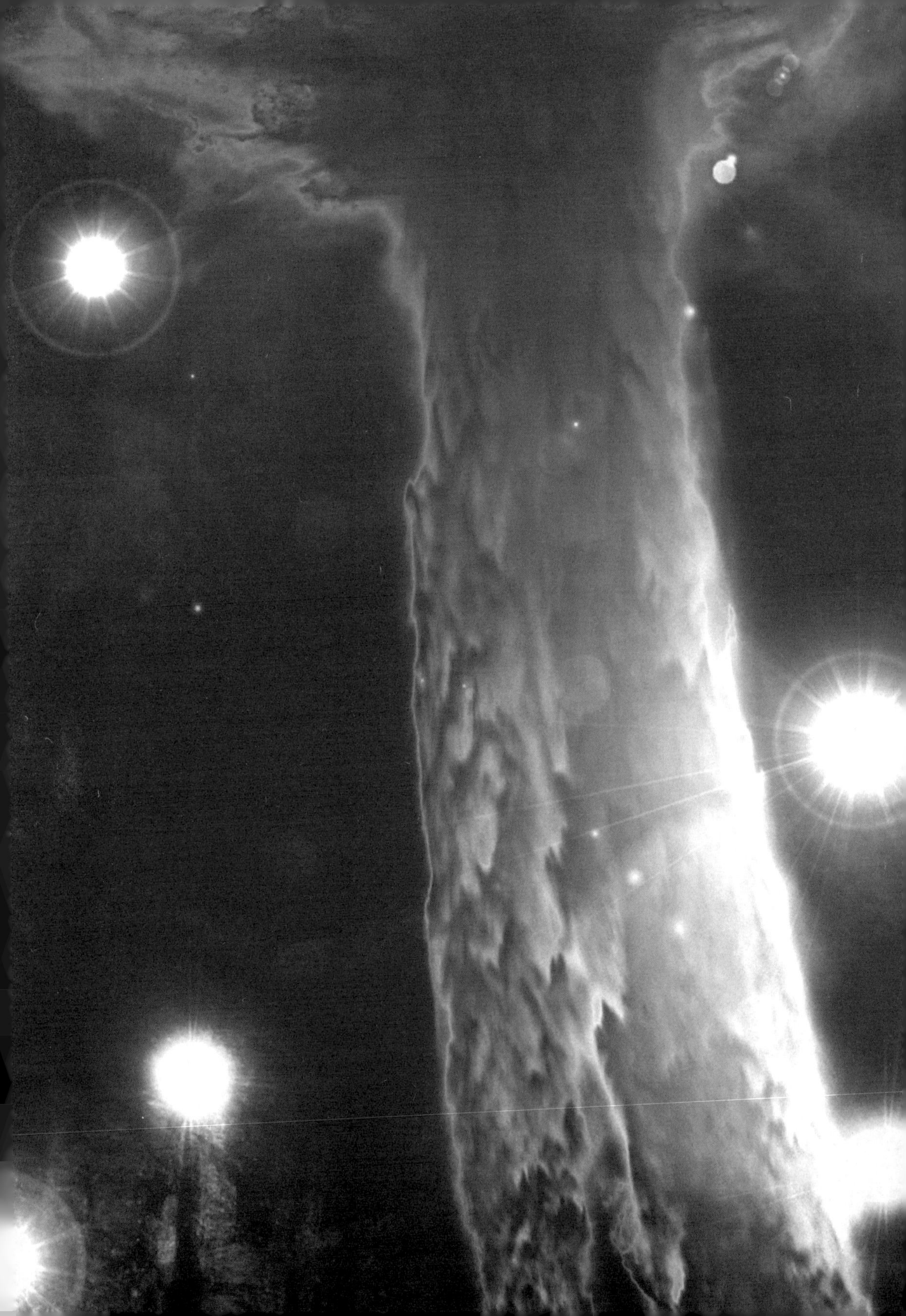

AQAL 或者 IOS 只是一幅地图，仅此而已。它不是领土本身。但就我们所知，这是我们现在所能拥有的最为全面的地图。另外，整合图谱要求我们去实践，而不是被困在言辞、思想或概念之中。还记得不同象限只是现实的第一人称、第二人称以及第三人称的不同版本吗？那么，整合图谱、AQAL 以及 IOS 都只是第三人称的言词，它们都是抽象概念，是一系列“它符号”与“它象征”。但这些第三人称语言本身坚称我们应该把第一人称的直接感受、经历和意识以及第二人称的对话、交流和人际关怀包括在内。整合图谱自己会提醒你：这只是第三人称的图谱，不要忘记还有其他重要的实相，任何完整的道路都要将所有这些包含在内。

我们已经探讨过整合模型的一些实际应用。现在我们可以就这一模型的主要内容做一简要总结。

AQAL 是“**所有象限，所有层次**”的简称，后者又是“所有象限，所有层次，所有路线，所有状态以及全部类型”的简称，这些是任何整合或全面的方法都要包含的五大要素。

当 AQAL 被用作指引系统去组织或理解任何行为时，我们也将其称为**整合操作系统**或简称为 IOS。我们有高级 IOS，但本书所介绍的**基础** IOS 已经具备所有的根本要素（象限、层次、路线、状态、类型），可以帮助任何人走上更全面、更兼容、更有效的整合之路。

当 AQAL 或 IOS 用于真实生活中个人的成长与发展时，我们就将其称为**整合生命实践**（ILP），这是目前最全面因此也最有效的转化之道。整合学院的研究者们创造出一套简单、轻松的入门级版本，名字就叫 ILP **初学者套装**，也许你有兴趣尝试一下。我本人非常讨厌做广告宣传，但我不知道除此之外，还能有什么方法让你们知道 ILP 初学者套装已经面市，有些人觉得它非常棒。了解详情：www.MyILP.com。

还有另外一个非常重要的结论。IOS 是一种**中性的系统**，它不会告诉你该如何思考，不会把任何意识形态强加于你，也无法以任何形式压制你的觉知。以人类具有清醒、梦境以及深睡三种状态为例，IOS 并没有指导你醒着的时候该怎么思考，或者在梦境中你该看见什么。它只是说，如果你想变得完整，就要确定自己的视角包含了清醒的、梦境的以及无形的状态。

同理，所有事件都具有四大象限，或者“我”、“我们”以及“它”维度。不是说“我”应该做什么，“我们”应该做什么，或者“它”应该做什么，而只是说，如果你想囊括所有重要的可能性，一定要将第一人称、第二人称以及第三人称视角包含在内，因为它们是全世界的通用语言。

正因为 IOS 是一种中性系统，它才可以让所有境况变得更清晰、完整，带入更多的关怀，不管我们是用个人转化、社会变革、事业成功、关怀他人还是生活幸福来衡量成功，它都让我们更有可能达到目标。

但也许最为重要的是，由于 IOS 可以为任何学科所利用，从医学到艺术、商务、灵性、政治以及生态，我们有史以来第一次，可以让不同学科之间进行广泛的、成功的对话。将 IOS 应用在商务中的人，可以轻易且有效地与那些将IOS应用在诗歌、舞蹈或艺术上的人进行顺畅的交流，因为他们现在有了共同语言（或者一个共同的语言操作系统）。当你使用IOS的时候，你不仅可以同时在其中运行数百种不同的“软件”程序，而且所有这些程序都可以彼此交流并相互学习，并促使你的认知和行为向更广大的维度进化与发展。

这就是为什么全球数以千计的学者和老师要聚在一起，开办世界上首个整合学习共同体——整合大学。此前，不同的人类活动因其自成体系、无法沟通的行话和术语而彼此隔绝，现在，通过运行整合操作系统，所有学科与领域都可以互相交流、学习。这种事情在历史上可谓前所未有，可以说，整合大戏要开演了。

不管我们怎么看，事情都可以简单归结为以下几点。在你自身的成长与发展过程中，你有能力把自我、文化与自然不断推向更高、更广、更深刻的存在状态，从“我”这一孤立身份向更为完整的身份“我们”扩展，最后成为更深刻的身份“所有人”，包括每一个地方的一切有情众生。同时，你自身的真、善、美也会得到深化和扩展。不断扩大的意识和包容度在你的自我中得到实现，在自然中得到体现，在文化中得到表达。

在自我、文化与自然中修炼自己的身体、心智与灵性，整合之道的非凡目标就在于此，我们希望你可以加入这激动人心的征

途。

现在，一个新的探险、一种新的政治，甚至是一场新的革命，正在地平线上生起。你感觉到了，不是吗？

有新的工作要去完成，新的传奇要去讲述，新的基础要去揭示，但心中满溢的秘密仍未揭开。它无法诉说，光辉灿烂，无法直视，无限而不受束缚，永恒以致无法触及，只因它就在当下；比你的呼吸离你更近，它比你的思想贴你更紧，比一切更接近你的灵性。此刻，你的内在阅读着这些文字，看着这个世界，思考着“一切的意义就是你”到底蕴涵了什么意义。不是那个能被看见的你，而是这个正在看和做的你。

这就是你内在的观者（Seer），是这一页书以及周遭整个世界的见证者。它闪闪发光，带着动人的祝福与每时每刻里的自由交织在一起。这热烈升腾的自由随着每一次呼气进入无限，它携无限的慈爱、完美与热切的关怀为礼物，席卷着你的身体进入伟大的未知，巨大的张力让你的脊柱微微发麻；这些礼物是如此巨大，以至于你不能用肉身去容纳，否则就会胀裂。你现在就可以感受它，这种圆满的感觉在推挤着你，试图扩张出去。只要你不加干涉，随它穿透你的身体，这大自由就是你的。这大自由就是你，如果你能安住，观照觉知中随意生起的此世界与所有世界，那些你在每个日升日落所创造的世界，犹如那发光的宝珠悬挂在你自身广

衮的透明虚空中。这伟大耀眼的开放就是你，时时刻刻，存在的万有一直是你。看！看！看哪！你看到了什么？你能看到什么？除了你自我的纹理，你的原初存在，这伟大的一味，以世界作为面孔，处处显现。“外面”的世界除了是你当下的感受，还能是什么呢？听啊：

万有是你。

你是空。

空就是自由的显化。

自由的显化就是自我解放。

来吧，朋友，让我们最后再练习一次：

注意你此刻的觉知。

注意在你的觉知中所呈现的事物。思想中的图像和念头，身体中的情感与觉受，以及你屋子里或周围环境中的无数事物。这些都是在你觉知中生起的事物。

现在回想一下，五分钟之前你的觉知中都有什么。大多数念头已改变，大多数身体感觉都改变了，大多数外部环境也改变了。但有一样不变的东西，你内在有一样东西，现在和五分钟之前都是一样的。到底是什么？

真我（I AMness）。属于真我的感受和觉知一直存在。我就是那长存的真我。真我现在存在，一会儿之前存在，一分钟之前存在，五分钟之前同样存在。

五小时之前什么存在？

真我。这种真我感是一种持续的、自知的、自我确认的、自证的真我。我所有的念头会改变，我所有的身体感受会改变，我的环境会改变，但真我是永远临在的、鲜明的、开放的、空寂的、清晰的、广阔的、透明的、自由的。事物会改变，但这种无形的真我不会变。这种明确的此刻的真我，现在存在，一如五小时之前也存在。

五年之前什么存在？

真我。那么多的事物生生灭灭，那么多的感受来来去去，那么多的念头起起落落，所有的戏剧、恐惧、爱恨都只是发生，短暂停留，然后烟消云散。但有一样东西不来不去，那是什么？记忆中，五年前出现在你的觉知中，而此刻依然在你觉知中存在的唯一一样东西，是什么？那就是超越时间、永恒呈现的真我，它现在存在，五年之前也存在。

五个世纪以前什么存在？

唯有真我。每个人体会到的都是这同一个真我，因为它不是一个身体，不是一个念头，也不是一种物体，不是环境，不是任何可以被眼睛看见的东西。它是永远在场的观者。在所有星球上，无论何人、何地、何时，呈现何事物，都由这开放、空寂的真我持续目睹，直到时间的终结。真我是唯一的、明确的、当下的。除此你还可能了解什么？还有什么人知道其他的东西吗？永远且唯有这闪耀的真我，它自知、自觉、自我超越，无论是现在、五分钟之前、五小时之前还是五个世纪之前，一直如此。

五千年之前？

亚伯拉罕在之前，我在。宇宙存在之前，我在。这就是我的原相，是我的父母出生前，在宇宙诞生前，我就拥有的面孔，而且我永远拥有这一面孔，直到我决定要玩一回捉迷藏，然后迷失在我所创造的事物中。

我绝不会再假装自己不知道，或者感觉不到自己的真我。

如此，游戏结束了。百万个念头生灭不止，百万种感觉浮沉不定，百万个事物聚散不已。但有一样东西不来不去，那就是伟大的不生不灭者，它不曾踏进也不曾离开时间之流，它是时间之上的纯粹存在，飘浮在永恒之中。我就是这伟大的不生不灭者，自知、自证、自我解放。

亚伯拉罕在之前，我在。

我不是别的，就是这第一人称的大精神，是大宇宙终极的、微妙的、耀眼的全体创造性自我。我在我之中，也在你、他、她以及他们之中，就是我们每个人都能体会到的“真我”。

因为在所有的已知宇宙之中，真我的全部数量只是一。

如同真我一样安住吧，就是你此时此刻所感受到的真我。不生不灭的大精神在你之内闪耀，它就是你，它也是你的个人身份，是这个和那个事物，也是这个和那个真我，在万有的存在基础之中休息吧，作为这伟大和完整的真我，然后起床，在真我所创造的宇宙中开始自己新的一天。

肯·威尔伯著作简介

《意识光谱》（*The Spectrum of Consciousness*）（1977）。对意识的全光谱模式进行了介绍，第一次以系统的方式展示了西方发达的心理学系统如何与东方伟大的冥想传统进行整合。

《没有疆界》（*No Boundary*: *Eastern and Western Approaches to Personal Growth*）（1979）。这是对东西文化中的心理学以及治疗方法的简要介绍；威尔伯将其视为早期著作的“浪漫主义”阶段。

《大我计划》（*The Atman Project*: *A Transpersonal View of Human Development*）（1980）。第一个将东方与西方的、经验的与冥想的，正统的与神秘的方法整合为具有完备框架的心理学系统。

《天堂以上》（*Up from Eden*: *A Transpersonal View of Human Evolution*）（1981）。威尔伯吸纳了坎贝尔（Joseph Campbell）、杰伯赛等理论家的成果，描绘出人类的进化旅程，以及“过程的辩证法”——从原始的过去到整合的未来。

《全息范式以及其他悖论》（*The Holographic Paradigm and Other Paradoxes*: *Exploring the Leading Edge of Science*）（1982）。这是一本文集，里面收录了著名科学家与思想家就科学与宗教之间的关系所发表的文章。

《人情味十足的上帝》(*A Sociable God: Toward a New Understanding of Religion*)(1983)。这是对一种方法系统的学术性介绍，我们可以根据此方法系统去评判一切宗教运动的合法性与真实性。

《心有灵犀》(*Eye to Eye: The Quest for the New Paradigm*)(1983)。这本书是对三种知识领域的考察：感觉的经验领域，心智的理性领域，以及灵性的冥想领域。

《量子问题》(*Quantum Questions: Mystical Writings of the World's Great Physicists*)(1984)。这是一本选集，里面收录了一系列伟大物理学家的非专业性的作品，如海森堡、薛定谔、爱因斯坦、德布罗意、金斯(Sir James H. Jeans)、普朗克、宝利(Woligang Pauli)以及爱丁顿。

《意识的转化》(*Transformations of Consciousness: Conventional and Contemplative Perspectives on Development*)(1986)。由威尔伯，杰克·英格勒(Jack Engler)及丹尼尔·布朗(Daniel P. Brown)合著。共收录了九篇文章，探讨了从前个人到超个人的人类成长与发展的全光谱模式。

《灵性选择》(*Spiritual Choices: The Problem of Recognizing Authentic Paths to Inner Transformation*)(1987)。威尔伯与迪克·安东尼(Dick Anthony)，布鲁斯·艾克(Bruce Ecker)合编。在本书中，心理学家和灵性导师对灵性运动进行剖析，旨在解答这样一个问

题：灵性的暴政与合法的灵性权威到底有何区别。

《超越死亡：恩宠与勇气》（*Grace and Grit*：*Spirituality and Healing in the Life and Death of Treya Killam Wilber*）（1991）。这是关于威尔伯与其妻子崔雅之间婚姻生活的感人记录，在崔雅罹患乳腺癌之后，两人风风雨雨共同走过了五年的历程。

《性、生态、灵性》（*Sex*，*Ecology*，*Spirituality*）（1995）。"宇宙三部曲"的第一部，这本书第一次提出四象限模式。这一学术力作追踪了进化的过程：从物质到生命再到心灵（可能还有更高的未来层次），同时还描述了进化在这三个领域内的共同模式。

《万物简史》（*A Brief History of Everything*）（1996）。本书是《性、生态、灵性》的简写本，以谈话的风格娓娓道来，没有技术性的词汇和注解，很容易为一般读者所接受。这是了解威尔伯的入门书。

《灵性之眼》（*The Eye of Spirit*：*An Integral Vision for a World Gone Slightly Mad*）（1998）。本书收集了一系列论文，探讨了整合之道，论述领域有心理学、灵性、人类学、文化研究、艺术、文学理论、生态学、女性主义以及星球转变等。

《灵性复兴：科学与灵性的整合道路》（*The Marriage of Sense and Soul*：*Integrating Science and Religion*）（1998）。通过考察世界上伟大的智慧传统，找出它们的共同特征，威尔伯以令人信服的论述向我们证明，那些智慧传统不但与科学真理并行不悖，而且二者都有着类似的科学方法。

《威尔伯精粹》（*The Essential Ken Wilber*）（1998）。收录了威尔伯最受欢迎作品中的节选段落，向他的新读者展现了其作品的精髓与韵味。

《一味》（*One Taste*：*The Journals of Ken Wilber*，**立品图书**2010年已出版）（1999）。这是威尔伯对其一年生活的生动而有趣的记录。

《威尔伯选集1~8卷》（*The Collected Works of Ken Wilber*）（1999~2000）。现在还在编撰之中。

《整合的心理学》（*Integral Psychology*：*Consciousness*，*Spirit*，*Psychology*，*Therapy*，中文书名暂定，**立品图书**即将出版）（2000）。这是一部里程碑之作，提出了第一个真正的整合心理学，这一模式包括发展波、发展流、意识状态以及自我，所有这些都要经历这样的发展历程：从潜意识到自我意识和超意识。

《万有理论》（*A Theory of Everything*：*An Integral Vision for Business*，*Politics*，*Science*，*and Spirituality*）（2001）。这是对整合之道作为真正的“世界哲学”的精辟总结，非常值得一读，因为其中论述了在现实生活的不同领域中进行应用的具体方法。这是广受欢迎的入门读物。

《自恋的美德》(*Boomeritis: A Novel That Will Set You Free*)(2002)。精彩思想与邪恶反讽的结合，本书针对的是整合视界最为顽固的障碍：多元主义加上自恋这种疾病，威尔伯将其称为“自恋的美德”。

《在的感觉不过如此》(*The Simple Feeling of Being: Embracing Your True Nature*)(2004)。收录了威尔伯作品中让人最受启发的、神秘的以及具有指导性的段落，由其资深学生编辑而成。

《整合的灵性》(*Integral Spirituality: A Starting New Role for Religion in the Modern and Postmodern World*，中文书名暂定，**立品图书**即将出版)(2006)。本书中关于灵性的理论借鉴了古代、现代以及后现代的真理——其中包括科学与文化的革命——同时也吸收了那些伟大宗教的基本洞见。这是一本真正具有革命性的著作，很多批评家认为这一作品根本地改变了宗教与灵性的本质和角色。

《生活就像练习》(*Integral Life Practice*，**立品图书** 2013 年已出版)(2008)本书把古老的传统、现代科学和心理学融会贯通，提供了各种简单实用的练习，是写给现代人的实修指导手册。